大人のための科学

福江 純

そこが知りたい☆天文学

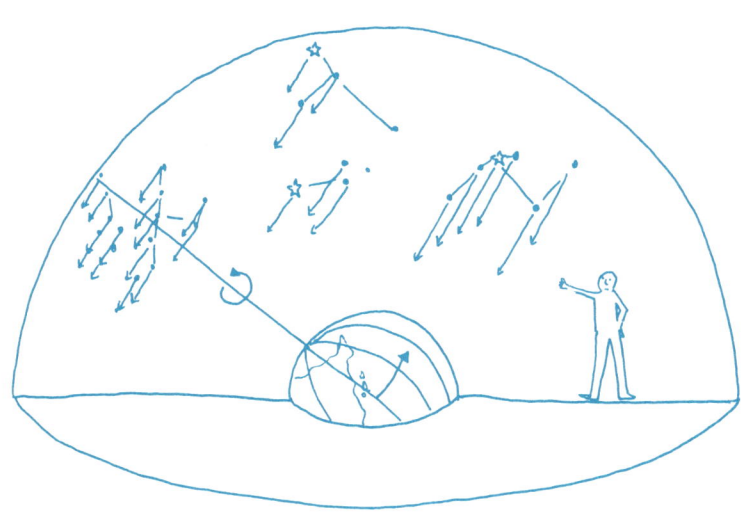

日本評論社

まえがき

　自然科学の研究の目的は，自然現象を観察し，現象の性質を調べ，背後に隠された自然の仕組みや本質を解明することだ．もっとも，本音を書けば，自然現象を美しいと感じたり怖ろしさを覚えたり不思議に思ったりして，その謎を知りたいという好奇心が科学を発展させたのだと思う．その結果，人類の世界観は広がり知的文化が醸造され，同時に，革新的な技術や生活を向上させる有用な知識なども得られた．美味しいパンもワインも，そして食事時にはずませる教養も，科学の発展の末に手に入ったものだろう．

　天文学の扱う対象は，空間的には地球近傍から宇宙の果てまで，時間的には宇宙の始まりから遙かな未来まで，すべての無生物と生物を含む広大で無辺な時空全体である．少し想像を馳せただけでも眩暈がしそうなくらいだが，その一端を本書で紹介しよう．また，ぼくたち人類がこの宇宙に存在している理由も宇宙のどこかには隠されているに違いない．宇宙の謎を楽しんでいただくと同時に，自分たちの存在理由や生き方なども考えてほしい．

　本書では，前半の1章から5章で，宇宙を読み解くための基礎的な事柄についてまとめてある．後半の6章から17章にかけ，いろいろな天体現象を順を追って紹介している．読者の理解の便を図るために，イラスト・画像・グラフや表などを多用した．最近は観測技術の進展によって美麗な写真が増えたのは楽しい．章末問題も用意したので，チャレンジしてほしい．

　高校生以上であれば，本書の大部分は読めるように配慮したつもりである．また筆者自身の講義プリントをベースにしているので，大学教養レベルでのテキストとしてほどよいレベルになっているだろう．天文学に関して，大まかに知りたいすべての方々に本書を活用していただきたい．

2008年3月
福江　純

目　次

まえがき　i

Part I 宇宙を表す──言葉と用語

1章　国語的な表現　3

2章　数学的な表現　13

3章　物理的な表現　25

4章　天文学的な表現　31

5章　天文学の業界用語　47

Part II 宇宙を読む──見えるもの見えないもの

6章　宇宙観の変遷：星座と神話　57

7章　現代の宇宙像：天体の階層構造　73

8章　母なる星：太陽　83

9章　太陽系最前線：構造と形成　95

10章　恒星の世界：星の種類と進化　113

11章　活動する天体：ブラックホール降着円盤　123

12章　天界の大河：天の川銀河の構造　135

13章　銀河の領域：銀河の分類と活動　　147

14章　宇宙の変転：ビッグバンと宇宙の未来　　157

15章　見えない宇宙：ダークマターとダークエネルギー　　173

16章　第二の地球：宇宙と生命　　187

17章　青い惑星：地球システム　　203

参考文献　　215

付録1　　単位と換算表　　216

付録2　　基礎物理定数　　217

付録3　　基礎天文定数　　217

章末問題のヒントと解答　　218

あとがき　　223

索引　　224

この Part I では，宇宙を表現するための言葉や用語や手段について，いろいろなレベルのものを，やや辞書的羅列的にまとめておく．最初にざっと目を通しておいてもらってもいいし，とりあえず，Part II の宇宙の話へ急いで，言葉や表現でわからない部分が出たときに，この Part I へ立ち戻ってもらってもいいだろう．

Part I
宇宙を表す
——言葉と用語

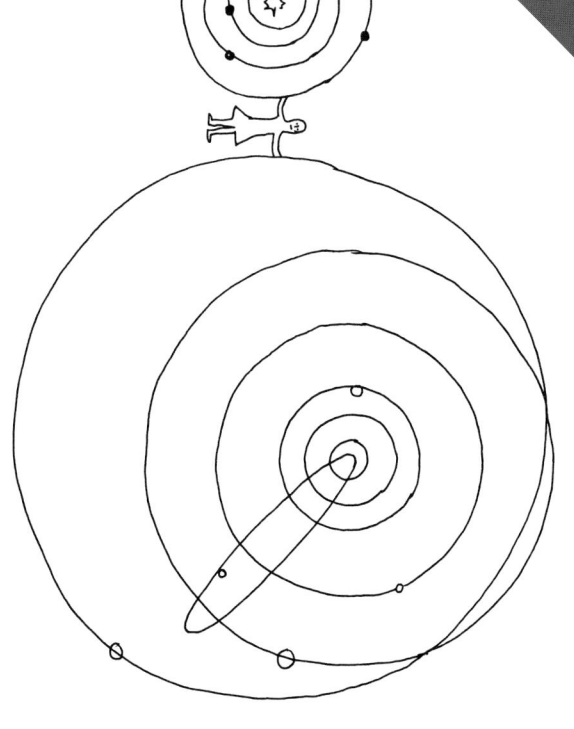

1章　国語的な表現

京都帝国大学の宇宙物理学教室

　天文学とは，一言でいえば，現代的な意味では"宇宙という対象を科学的に扱う学問分野"ということになるだろうが，そもそも"天文学"とか"宇宙"，そして"科学"とは何だろうか。また，天文学という一つの「学問領域（academic discipline）」にはさまざまな「研究分野（research field, a field of study）」があるのだが，そもそもの分け方としては，星や銀河などの研究対象（object）で分けるやり方と，観測や理論などの研究手法（method）で分けるやり方がある。

　最初に，言葉の由来や成り立ちなどについて，簡単に説明し，そのあと天文学そのものについて紹介しよう。

天文学と宇宙

天文と天文学

　まずは,「天文」および天文の学問である「天文学（astronomy）」から始めるべきだろう。

　さて，天文という言葉は「地文」「人文」と同様，中国でつくられた言葉で,「天の文様」，すなわち"天に記された文字"の意味である。ここで「天」というのは，中国独自の概念で，ユダヤ教やキリスト教のような一神教の「God」とは異なるものだ。中国仏教では，帝釈天や三十三天，夜摩天，兜率天，楽変化天，他化自在天，梵天などなど，たくさんの天があることからもわかるように，唯一神ではなく，日本の神様に近いものがあるだろう。ただし，天は人格神を表すと同時に，その場所——天界——をも表している。すなわち，天文という言葉で，太陽・月・星などからなる天界の秩序だった運行と，新星・超新星・彗星など天界の突然の異変などのありさまを表すことになるわけだ。さらには古代中国では，天の文様の変化を読み取って，天子や国家の命運を予想していたわけである。"天文学"とは，由緒正しきもっとも古い学問分野なのである。

　一方で，英語の astronomy だが，こちらは astron（天体，星）と nemein（並べる）からできている言葉だ。一般的には，「〜学」「〜論」に対しては，ギリシャ語の logos（言葉という意味から，思想，学問の意）を付けて，bio-logy（生命 bio の学問＝生物学），etymology（真義 etymo の学問＝語源学），geology（地球 geo の学問＝地質学），meteorology（流星 meteor の学問＝気象学）などのように表している。したがって，本来は天文学は astrology となるべきなのだが，astrology は（現在の）占星術の方に使われているため，科学的な学問に対しては，astronomy が使われているのだ（古来は天文学も占星術も区別がなかったので，まとめて astrology でよかった）。

宇宙と宇宙物理学

次は,「宇宙」と「宇宙物理学」だ。

最初の「宇宙（universe, cosmos, space）」も, 大昔の中国の書物に出てくる言葉である。紀元前2世紀（前漢時代）の『淮南子』（斉俗篇）という書に曰く：

往古来今謂之宙，天地四方上下謂之宇

"四方上下これを宇といい　往古来今これを宙という"

この四方上下というのは縦横高さのことだから, 今風にいえば3次元空間が宇宙の"宇"である。そして, 往古来今というのは, 古の昔から来るべき未来のことで, 今風にいえば, 過去から未来へと途切れなく続く1次元の時間が宇宙の"宙"なのだ。宇宙というとなんとなく空間的な広がりのイメージが強いかもしれないが, 宇宙という言葉は, 本来は空間と時間を合わせたもので, 現代的ないい方だと"4次元時空間"そのものなのである。

似た言葉に「世界」がある。こちらは"界"が空間を, "世"が時間を表している。

ちなみに, 英語では宇宙のことをuniverseとかcosmosとかspaceといったりする。英語のuniverseは, ラテン語のunum（一つの意）とvertere（変わるの意）からできていて, 一つに変わるということから, 統合されたものという意味合いになっている。またcosmosは, ギリシャ語のKOSMOSが語源で, 秩序整然として調和のとれた体系を表している（反対語はchaos＝混沌）。アルキメデスがつくったという説もある。なお, space（空間）は地球近傍のごく狭い空間領域を表し, 宇宙全体を意味することはあまりない。ただし, 一般相対論などでのspace-time（時空）となると, 4次元時空連続体ということで宇宙と同義になってしまうから, ややこしい。

一方,「宇宙物理学（astrophysics）」だが, 天文（学）や宇宙に対して, こちらは非常に新しい言葉だ。それも日本でできた言葉である。

現代的な科学が発展した結果, 従来の伝統的なastronomyに対して, astron + physicsからastrophysicsという学問分野が成立した（もとは, ドイツ語）。日本で最初に天文学科（星学科とよんでいた）が設置されたのは,

1878年，東京帝国大学だ．その後，京都帝国大学で天文関係の講座（1921年に学科として開設）が開かれる際，京都帝国大学では当時台頭してきた新しいastrophysicsをやるというので，講座の教授の新城新蔵が"宇宙物理学"という言葉をつくり，宇宙物理学教室を設置したという経緯がある（3ページの章扉参照）．

宇宙物理学とほぼ同じ意味で，"天体物理学"という言葉を使うことも多い．ただし，翻訳書などでときどき"天文物理学"と訳してあるケースを見かけるが，"天文物理学"という訳語はない．

なお，宇宙を調べる学問には，天文学（astronomy）や天体物理学・宇宙物理学（astrophysics）という用語以外にも，「宇宙科学（space science）」という用語もある．使い分けは微妙だが，探査機を使った分野に対しては宇宙科学を使うこともままあるようだ．また，cosmosとlogosからつくられたcosmologyは，宇宙全体を扱う学問ということで，「宇宙論」の意味で使われる．このcosmologyと似た言葉でcosmogonyという用語があるが，「宇宙進化論（学）」の訳語が当てられている．

最後に，「宇宙学（astrophilosophy）」という言葉を紹介しておこう．あまり耳慣れない言葉かもしれない．というのも，ぼくが勝手に使っている言葉だからだ．宇宙論や宇宙進化学では，わりと，無機的物理的な宇宙の進化を扱う．それに対して，生命の発生や人類の進化まで取り込んで，宇宙の成り立ちから生命・人間の存在意義までを科学的哲学的に取り扱うのが"宇宙学"のつもりである．

科学と科楽

この「科学（science）」というのは日本でつくられた言葉で，"諸科の学"という意味から明治時代に造語されたものだ．当時のヨーロッパのscienceが，さまざまな専門分野に分化していたありさまを反映している．

一方，英語のscienceの方は，ラテン語のスキエンチア（scientia＝知識）

に由来する。並立語はサピエンチア（sapientia＝知恵）だ。すなわち，本来は，"知識"と"智恵"とが並び立っていたのだ。単に知識を積み重ねるだけでは，天文学（科学）は進歩しない。天文学（科学）が進歩し飛躍するためには，知識を使いこなすための智恵も不可欠なのである。

　さて，そのスキエンチアの源流はギリシャ人が追求した哲学 philosophia＝ギリシャ語の philos（愛する）＋ sophia（智）である。そして，自然哲学/窮理学（natural philosophy）へと続き，さらに自然科学（natural science）あるいは単に科学（science）となった。

　ギリシャ自然哲学は，哲学と付いていることからもわかるように，思弁のみによって自然界を理解しようとする学問だったが，実験的手法を導入したガリレオ以降，そのありさまは大きく変わり，自然科学や物理学 physics（ギリシャ語の自然 physis から）が生まれた。ただし，今日でも，源流の自然哲学から，科学の博士号を"哲学博士"（Ph.D = Doctor of Philosophy）の称号でよぶことがある。

ギリシャ語	ラテン語	英語	日本語
episteme	scientia	knowledge	知識
sophia	sapientia	wisdom	知恵

　科学にせよ，天文学にせよ，思索・思弁によるか，実験・観察にもとづくかは別として，もともとは花鳥風月を美しいと感じ，なぜだろうという好奇心を抱き，自然を理解したいと願う心が本質にあるはずだ。美しいモノ，不思議なモノを知りたいと思い，より楽しみ度や幸せ度をアップさせたい望みが根本にあるはずだ。言葉や数式は，そのための手段にすぎない。もともとのモチベーションは忘れないでおきたい。

　科学するのではなく"科楽"したいし，天文学をするのではなく"天文楽"をしたいものだ。

天文学の対象

研究対象で分ける場合には，たとえば，以下のような分野に分けられるだろう。

　　　位置天文学　positional astronomy
　　　天体力学　celestial mechanics
　　　太陽系科学　solar system science
　　　惑星科学　planetary science
　　　系外惑星科学　exoplanet science
　　　太陽物理学　solar physics
　　　恒星物理学　stellar astrophysics
　　　恒星進化論　stellar evolution
　　　星間物理学　interstellar astrophysics
　　　星形成　star formation
　　　ブラックホール天文学　black hole physics
　　　恒星系力学　stellar dynamics
　　　銀河系天文学　galactic astronomy
　　　銀河力学　galactic dynamics
　　　銀河形成論　galaxy formation
　　　宇宙論　cosmology
　　　宇宙生命天文学　bioastronomy

宇宙の階層構造に従って，身近な世界から宇宙全体へと並べた感じだ。本書も含め，たいていのテキストでは，おおむねこの順序（あるいは逆順）で構成してあることが多い。

なお，辞書を引いても，objectには物体とか対象とか目的といった意味しかないのだが，天文学の論文などでobjectとあったら，まず間違いなく，観測対象である「天体（celestial object）」という意味で使われている。

天文学の手法

次に，観測的な手法で天体を研究する「観測天文学（observational astronomy）」としては，現在のところ，

   電波天文学　　radio astronomy
   赤外線天文学　　infrared astronomy
   光学天文学　　optical astronomy
   紫外線天文学　　ultraviolet astronomy
   X線天文学　　X-ray astronomy
   ガンマ線天文学　　gamma-ray astronomy
   宇宙線天文学　　cosmic-ray astronomy
   ニュートリノ天文学　　neutrino astronomy
   重力波天文学　　gravitational wave astronomy

などのジャンル（genre）がある。

一方，理論的な手法で天体を研究する「理論天文学（theoretical astronomy）」としては，

   宇宙力学　　space dynamics
   宇宙流体力学　　astrohydrodynamics
   重力熱力学　　gravothermodynamics
   統計星学　　stellar statistics
   放射輸送　　radiative transfer
   放射流体力学　　radiation hydrodynamics
   磁気流体力学　　magnetohydrodynamics
   相対論的宇宙物理学　　relativistic astrophysics
   数値天文学　　numerical astronomy

などと挙げてみたが，理論的手法はたいていは重なり合って輻輳（ふくそう）しているので，一部の例示だと思ってほしい。

天文学の研究

自然科学の研究というものは，基本的なプロセスは同じで，まず自然現象のデータを収集し，その中からエッセンスを抽出して法則性や規則性を見出し，物理的な解釈を施し現象を説明できるモデルを立てて，全体を包括し新しい現象の予測もできるような理論へ到達する（図1.1）。天文学の研究も同じで，おおむね，天体を観測して，有意な物理量を測定し，モデルを立てて，最終的な理論に仕上げる。もちろん，ときには，純粋に理論的な思索から宇宙の構造と振る舞いを予測することもある。

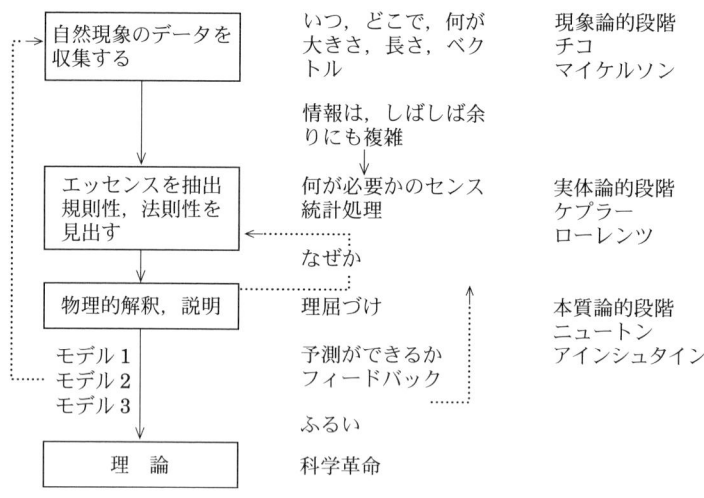

図1.1　自然科学研究・天文学研究のプロセス．

さて，事物をしさいに観ることを「観察」あるいは「観測」とよぶ。観察と観測は似ている言葉で，実際，英語ではどちらも observation という。しかし，日本語では少しニュアンスが違っていて，事物を観てその特徴を定性的に述べることを観察，その特徴を定量的に調べることを観測と使い分けるようだ。

天体に望遠鏡を向けて，天体からやってくる微弱な電磁波（可視光，X線，電波など）や他の粒子を観測装置でとらえることを，（信号の）「検出（detec-tion）」という。業界用語では"(信号が）受かる"ともいう。

　観測して得られた生データを役に立つデータに処理する過程を，「データの整約（data reduction）」とよぶ。最初に，観測装置による器差（器械の差異）を補正したり，背景の余分な光を差し引いたり，その他の不要なノイズを除去したりする。そして，目的天体の位置や明るさを精密に「測定（measure）」し，生データは定量的で有効な情報になる。

　観測にはいろいろある。たとえば，「天体位置測定（astrometry）」では，天体の位置を精密に測定する。また，「天体撮像（imaging）」では，観測装置の焦点にできた天体の画像を得る。撮像観測によって，天球面に投影した天体の構造などがわかる。あるいは「天体測光（photometry）」では，天体の明るさ（や色）を定量的に測定する。測光観測を続ければ天体の明るさの時間変化がわかり，いくつかの波長帯で（多色）測光をすればスペクトルの傾向がわかる。さらに，「天体分光（spectroscopy）」では，天体の光を波長別に分けてスペクトルを求める。分光観測によって，天体の組成やガスの温度や運動状態など，天体の詳細な物理状態がわかる。ただし，分光観測では天体の光を波長別に分けてしまうため，測光観測よりも大量の光が必要だ。

　ところで，これらの観測方法で，-metry（〜測定法）という接尾辞が付くが，これはギリシャ語の $\mu\epsilon\tau\rho o\nu$ = metron（尺度，測定する）に由来する。たとえば，地球（geo）を測定するのが geometry（幾何学）だ。長さの meter（メートル）も派生語。

　観測して得られたデータから，天体のサイズや温度やガスの組成などを導くことができる。多くの場合は，何らかの仮定を立ててデータを「解析（analysis）」し，妥当な結果を導く。さらに，画像や時間変化やスペクトルなどのデータを物理的に「解釈（interpretation）」して，天体の構造や変化を推測したり，隠された法則性を調べたりする。また，自然界の現象はしばしば非常に複雑なので，枝葉末節を切り捨てて描像を単純化した「モデル（model）」を立て，そこで起こっている天体現象の本質を突き止める。そし

て，あるモデルが，特別な状況に当てはまるだけでなく，より一般的になり，普遍性や予測性をもったときに，そのモデルで表される体系は「理論（theory）」とよばれる。

　観測で取得したデータを画像（image）に表したり，時間変化（time variation）を示したり，スペクトル図（spectral diagram）をつくったり，あるいはシミュレーションの結果を可視化（visualization）するようなときには，画像を加工したり着色したりする。このような「表現方法（presentation）」は，従来はあまり重要視されていなかったが，最近では一つの大事な段階だと考えられている。

　天文学研究（さらに，科学研究）では，本質を推察する洞察力，徹夜で観測処理する体力に加え，芸術的・感覚的に他者にアピールする表現力も必要なのである。

【章末問題】
1. 自然哲学/窮理学（natural philosophy）について，原義や訳語の由来などを調べてみよ。
2. ものごとを"表現"するために，注意すべき点を考察せよ。

2章　数学的な表現

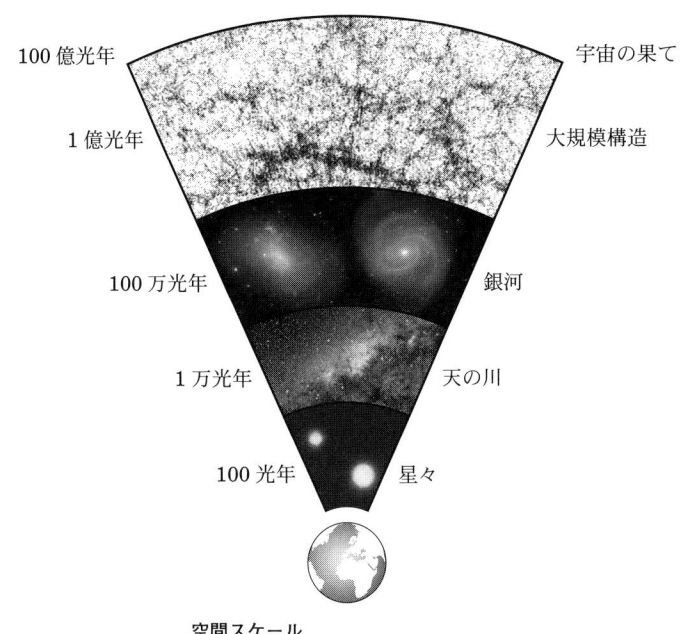

空間スケール
地球近傍（下）から宇宙の果て（上）まで。

　科学の世界では，ものごとを定量的に扱う性格上いろいろな定数をはじめ，ものの個数や測定値や観測量など，さまざまな"数値"が出現する。よく"天文学的な"とたとえられるように，天文学の世界ではそれらの数値がきわめて大きなことも珍しくない。人間は大きな数値を想像するのが苦手なので，単位を変えるなどいろいろな工夫はされているが，まぁ，それにも限度がある。

　ここでは，天文学で扱う領域の空間スケールと時間スケールを概観した後，天文学に関連した単位をまとめ，その他の数学的な補足をしておく。

空間スケールと時間スケール

まず,宇宙の"宇",空間的なスケールの話からしよう。

宇宙では,非常に微小な —— ミクロ(microscopic) —— 原子や分子を構成材料として,巨大な —— マクロ(macroscopic) —— 星や惑星がつくられており,それらを中間的なスケール —— メソ(mesoscopic) —— の人間が観測し理解しようとしている(13ページの章扉参照)。

ミクロな原子や分子のサイズはボーア半径(水素原子のサイズ程度)が,

$$a_0 = 0.5 \text{ Å} = 5 \times 10^{-11} \text{ m}$$

ほどである。

中間的なスケールにある人間のサイズはだいたい,

$$\text{人} \sim 1 \text{ m}$$

程度だ(この"〜"は後でも述べるが,"だいたい"を表す記号)。

マクロな天体になると,星,銀河,宇宙全体が,それぞれだいたい,

$$\text{星} \sim 100 \text{ 万 km} \sim 10^{11} \text{ m}$$
$$\text{銀河} \sim 10 \text{ 万光年} \sim 10^{21} \text{ m}$$
$$\text{宇宙} \sim 100 \text{ 億光年} \sim 10^{26} \text{ m}$$

にもなる(光年についても後述する)。

ミクロなスケールからマクロなスケールまで,なんと,

$$10^{40}$$

もの"桁"があるのだ。0が40個も並ぶ数字となると,ただの文様で,まったく想像力の範囲外である。

次は,宇宙の"宙",時間的なスケールだ。

宇宙は非常に微小な時間,微小ではあるが0ではない有限の時間から始まり,星や銀河が形成され,生命が発生し人類が進化して,現在に至っている。

宇宙が最初に刻んだ時間は,プランク時間とよばれる量子力学的な最小時間で,

$$\text{プランク時間} \sim 10^{-44}\,\text{s}$$

ほどである。

　中間的な人間の時間スケールは，1日とか1年くらいで

$$1\,\text{年} \sim 3 \times 10^{7}\,\text{s}$$

くらいか。

　大きい方の時間スケールは，星の進化とかいろいろあるが，まぁ，宇宙の年齢とすると，現在の見積もりでは，宇宙の年齢は138億年となっているので，

$$\text{宇宙年齢} \sim 138\,\text{億年} \sim 4 \times 10^{17}\,\text{s}$$

くらいになる。

　ということで，時間スケールの方は，小さい方から大きい方まで，実に，

$$10^{61}$$

もの"桁"がある。0が61個も並ぶ。もういい加減にしてくれって感じだろう。天地四方上下，往古来今，で十分な気もする。

天文学の単位

　ざっと見てきたように，天文学では，日常のスケールとははなはだしくかけ離れた，きわめて巨大なスケールを扱っている。天文学者だって血の通った人間だから，10の肩に何十乗もの値がのった数値は想像してもピンと来ないし，そもそも書くのもイヤである。だからというわけでもあるまいが，天文学で使う単位は，それなりに工夫してある。

　なお，日常使われる単位系は国際単位系 SI（Systéme International d'Unites）とよばれるもので，長さ（m），質量（kg），時間（s），電流（A），温度（K），物質量（mol），光度（cd）の7基本単位を使うことが，1960年の国際度量衡総会で策定された。一方，長さ（cm），質量（g），時間（s）を用いる cgs 単位系というものもあって，古い学問である天文学では，しばしば平気で cgs 単位系を使う。

長さの単位

さて、まず長さの単位だが、日常使われる国際単位系 SI では、長さの基本単位は「メートル（meter）」だ。天文学でよく使う単位系 cgs では、長さの基本単位は「センチメートル（cm）」である。光の波長など非常に短い長さでは、ナノメートル（＝ 10^{-9} m）やオングストローム Å（＝ 10^{-10} m）も併用する。言葉の由来はギリシャ語の μετρον ＝ metron（尺度、測定する）から、フランス語の metre になり、英語へ転化した。

このメートルを基準とする"メートル法"は、最初は、フランスで1791年に布告、1795年に立法化された。すなわち"メートル"も、もともとはフランスで生まれたもので、地球の周囲がキリのいい4万 km になるような長さとして人為的に決めた尺度だ。

いつまでも地球（親）にたよるわけにもいかないので、現在の定義では、1 m は光が真空中を2億9979万2458分の1秒間に進む距離に等しいとする：

$$1\,\text{m} = 真空中の光速度 \times 1/299792458\,\text{s}$$

ちなみに、真空中の光速度は、やはり定義値として、

$$真空中の光速度\ c = 299792458\,\text{m/s}$$

である。こうなると、ニワトリとタマゴとどっちが先か、みたいな話になってくるが、あくまでも、現在では、真空中の光速度を固定した値だと考えて、それから1 m を決めている。人間が身勝手に決めた単位（m）をようやくあきらめて、自然本来の単位（c）を尊重することにしたわけだ。

ところで、天体までの距離は非常に遠く、メートルなどで表すと大きな数になって表しにくい。天体間の距離に見合った単位としてつくられたのが"天文単位"、"光年"、"パーセク"などである。

このうち、「天文単位 AU（astronomical unit）」は、太陽と地球の距離（正確には地球の軌道は楕円なので、楕円の長い方の半径――軌道長半径）で、具体的には、

$$1\,\text{天文単位（AU）} = 1.49597 \times 10^{11}\,\text{m}$$

になる。太陽系の広がり程度の比較的近場の天体スケールでは、天文単位が

よく使われる（図 2.1）。冥王星軌道の半径が 6×10^{12} m というよりは，冥王星軌道の半径は約 40 天文単位だといった方が，もちろん太陽系のイメージが浮かびやすい。

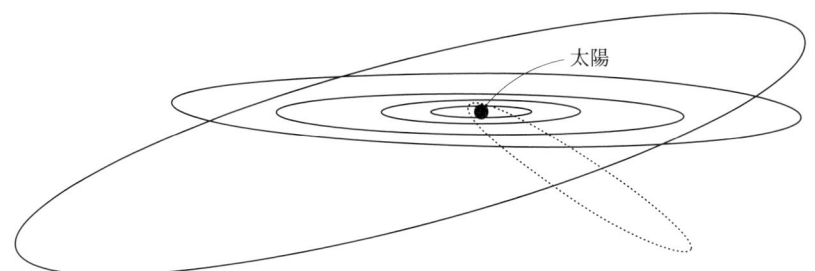

図 2.1　太陽系の外惑星の軌道．内側から，木星，土星，天王星，海王星とあり，一番外側の斜めに傾いた大きな軌道が冥王星軌道で，もう一つの傾いた小さな軌道はハレー彗星の軌道．

星の世界になると天文単位でもたらないので，光が何年かかって到着するかという距離単位「光年 ly（light year）」が使われる。具体的には，

$$1 \text{光年} = \text{光速度} \times 1 \text{年} = 9.46 \times 10^{15} \text{ m}$$

である。たとえば，太陽を除いて，もっとも近い恒星であるケンタウルス座 a 星までの距離は約 4.3 光年だし，銀河系の半径はだいたい 3 万光年で，さらにお隣のアンドロメダ銀河 M 31 までの距離は約 230 万光年（図 2.2）になる。すなわち，アンドロメダ銀河から出た光が地球まで到着するのに約 230 万年かかるわけで，言い換えれば，現在見ているアンドロメダ銀河は約 230 万年前の姿だということになる。

図 2.2　アンドロメダ銀河 M 31（大阪教育大学）．

最後に登場するパーセクというのは，観測的な要請から専門的につくられ

た単位なので，少しわかりにくい。地球軌道の半径（1天文単位）から星を見込むときの角度を「年周視差」というのだが（図2.3），この年周視差が角度で1″（= 1秒角 = 1/3600°）になる天体までの距離を「1パーセク pc (parsec)」と定義する。英語の parsec は，parallax（視差）と second（秒）を合成した言葉で，単位記号は pc になる。具体的には，

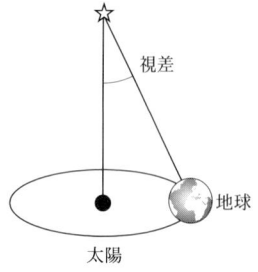

図2.3 年周視差.

$$1 \text{ pc} = 3.26 \text{ 光年} = 3.09 \times 10^{16} \text{ m}$$

である。たとえば，ケンタウルス座 a 星までの距離は，パーセクを使えば，約 1.3 pc になり，アンドロメダ銀河 M 31 までの距離は，約 0.7 Mpc（メガパーセク）になる。

質量の単位

国際単位系 SI では，質量の基本単位は「キログラム（kilogram）」だ。天文学でよく使う cgs 単位系では，質量の基本単位は「グラム（gram）」である。言葉の由来はギリシャ語の gramma（文字，小さな重さ）からフランス語の gramme になり，英語の gram へ変化した。余談だが，日本語の一貫（= 3.75 kg）は，"裸一貫"というように，生まれたばかりの赤ん坊の重さから。

星などの天体は質量が大きいので，グラムやキログラムはもちろんのこと，トンで表しても大変な数になってしまう。ならば，そもそも，星自身を質量の単位にしてしまえ，ということで，ぼくたちにとって特別な星である太陽の質量――「太陽質量（solar mass）」とよぶ――を単位として測る（図2.4）。

図2.4 太陽質量.

$$1 \text{ 太陽質量} = 1.99 \times 10^{30} \text{ kg} = 1.99 \times 10^{33} \text{ g}$$

さらに，いちいち"太陽質量（英語だと solar mass）"と書くのもわずらわしい。そこで，新しい単位にはそれなりの記号も用意して，太陽質量を表す単位記号は，質量を意味する M に太陽を意味する ⊙ を添え字で付けて，

$$M_\odot$$

としている。たとえば，われわれの銀河系の質量は，星などの目に見えている質量がだいたい，

$$2 \times 10^{44} \text{g} = 1 千億太陽質量 = 10^{11} M_\odot$$

ということになる。

時間の単位

　国際単位系 SI では，時間の基本単位は「秒（second）」だ（単位記号は s）。この"秒"という字は"稲の穂先"の意味から，転じて，微小なものの意味になった。秒の上の単位で 1 時間を 60 分割した単位が「分（minute）」だ。この"分"という字は"刀で切り分ける"という意味の会意形声文字。英語の minute は中世ラテン語の minuta prima（第一の小さな部分）に由来する。すなわち，60 進法で分割したとき，最初の 60 分の 1 の部分だからだ。さらに，次の 60 分の 1 の分割，minuta secunda（第二の小さな部分）から second が生まれた。すなわち，順序としては，角度の 1° を 60 分割していった minute（分）と second（秒）が先で，それが時間にも使われるようになったものである（図 2.5）。

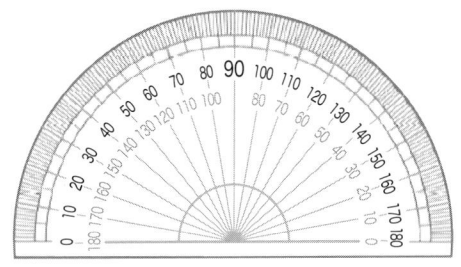

図 2.5　角度の度，分，秒（分度器）

　年や月や日などの時間単位は，もともとは，太陽や月や地球の周期的な動きをもとに定められた時間の単位だ。そして，60 進法で数えて，1 日を 24 に分割したものが 1 時間，1 時間を 60 に分割したものが 1 分，そして 1 分を 60 に分割したものが 1 秒（one second）だった。しかし，長年の間には

太陽や地球の運動は少しずつ変動するので，1秒の長さも変動してしまう。そこで現在では，原子的な指標をもとに1秒を定義している。すなわち，現在使用されている「原子時（atomic time）」の1秒は，セシウム133（^{133}Cs）原子のある特定の遷移で放射される光の9192631770周期の継続時間と定義されている。

$$1\,\mathrm{s} = {}^{133}\mathrm{Cs}\text{原子の超微細準位遷移に対応する放射の}$$
$$9192631770\text{周期の継続時間}$$

さて1972年以来，世界標準時はセシウム原子時計による原子時となった。公転の変動などによって太陽時と原子時がずれてくると，月末の23時59分59秒の次に，第60秒を挿入して調整する。これが正の「閏秒（leap second）」である。逆に間引く場合は，負の閏秒になる。

天文学では，秒以上に"年"を使うことが多い。太陽のまわりを回る地球の公転にもとづいた時間単位が「年（year）」だ。この"年"というのは，もとは稲の穂が実るという意味の字で，それから転じて，実る周期である1年という時間の単位へ転用されるようになった。1年を秒で表すと，

$$1\text{年} = 3.16 \times 10^7\,\mathrm{s}$$

となる。先にも出たが，宇宙の年齢は約 $4 \times 10^{17}\,\mathrm{s}$ というよりは，宇宙の年齢は約138億年といった方が，感覚的にまだ把握できるだろう。

なお，いわゆる「閏年（leap year）」に対し，1年が365日の年を「平年（common year）」とよぶ。現行のグレゴリオ暦では，西暦年数が4で割れない年と，4で割れても400で割れない年を平年とする。つまり，400年間で，平年は303回，閏年は97回になる。

温度の単位

日常的に使う「摂氏温度（centigrade/Celsius）」は，水の凝固点と沸点をそれぞれ0℃，100℃として，その間を100等分したものだ。摂氏温度の単位は，スウェーデンの天文学者セルシウス（Anders Celsius，1701〜1744）の頭文字をとって"℃"を使う。ただし，単位℃には，必ず"°"を付ける。本当はCで表したいところが，電気の単位で（クーロン）という文字がす

でに使われていたために，区別するために℃とした。

　一方，科学の世界では，あらゆるゆらぎがなくなり，エントロピーが0となる理想的な極限を0度とする「絶対温度（absolute temperature）」を使う。絶対温度の単位は，ケルビン卿（Lord Kelvin），本名W.トムソン（William Thomson，1824～1907）の頭文字をとって"K"を使う（この場合，"°"は決して付けない）。

　絶対温度の1度の目盛りは摂氏温度と同じである。摂氏温度（℃）と絶対温度（K）の換算は，

$$K = ℃ + 273.16$$

となる。

　天文学でも，科学の世界の標準にならい，絶対温度を用いる。長さや質量や時間のスケールが異常に広いのに比べ，天体の温度は下は絶対0 Kから，上はまぁ，1兆Kぐらいまでなので，絶対温度で十分に間に合っている。

角度の"単位"

　宇宙の彼方にある天体は，天体までの距離がわからないことが多いので，しばしば天体を見込む「角度（angle）」が，天体の見かけの大きさを見積もるうえでの重要な測定量になる。そこで，角度の"単位"というわけだが，角度は（長さや質量のような）次元をもった量ではないので，本来は単位（次元）をもたない。ただし，ここでは慣例に従って，角度の"単位"としておく。角度を測る単位には，円周を360°に分割する度数法と，2πラジアンに分割する弧度法がある。

　学校で最初に習う度数法では「°（度），′（分角），″（秒角）」を使って，円周を360°に分割し，1°を60′とし，さらに1′を60″とする。時間のところで書いたように，この分割から，minuteやsecondが生まれた。ちなみに，人間の正常な目の分解能がだいたい1′（分角）くらいだ。視力表の下の方の視力1.0の欄にあるスキマのある環（ランドルト環という）を標準の5 mの位置から見たとき，環のスキマを見込む角度が1′（分角）になる（22ページの図2.6）。つまり，視力1.0というのは，1′（分角）離れたものを見

分ける分解能があることを意味しているのだ。

　まぁ，日常的には，秒角はもちろん分角さえ使わないが，天文学の世界では，望遠鏡の分解能が非常によくなってきたため，秒角よりももっと細かい構造が見えるようになってきた。そこで，見かけの大きさが小さい天体に対しては，ミリ秒角をよく使う。

　　1 ミリ秒角 mas
　　＝（1/1000）秒角
　　＝（1/60000）分角
　　＝（1/3600000）°

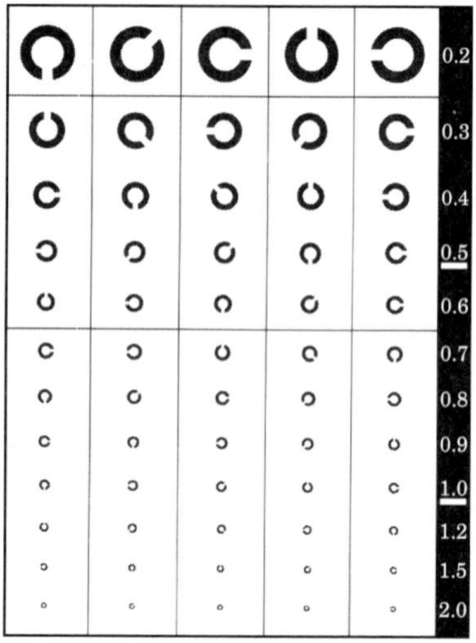

図 2.6　視力表.

さて一方，弧度法だ。弧度法こそ，まさに角度が次元をもたない量だという観点からつくられた"単位"なのだが，どうにもピンと来にくい"単位"でもある。

　円周の一部 ── 弧（arc）── を考えてみよう（図 2.7）。円の半径 r と弧の長さ l が与えられれば，弧を見込む角度 θ は必ず一意に定まる。そこで，弧の長さ l と半径 r の比率として角度 θ を定義してしまうのが弧度法だ：

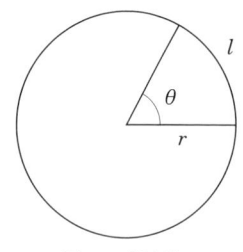

図 2.7　弧度法.

　　$\theta = l/r$　あるいは　$l = r\theta$

弧の長さも半径も，長さの次元をもつので，その比率である角度には次元はなくなる。

　なんだかだまされたような気がするかもしれないが，これで十分に角度を決めるのに役立っている。さらに弧度法の 1 単位として，弧の長さがちょうど半径に等しくなったときの角度（$r = l$ だから $\theta = 1$）を「1 ラジアン（radian）」とよぶ。円の周囲は $2\pi r$ なので，円周は 2π ラジアンになる。ラジアンという名前は付いているが，あくまでも次元はもたない量である。

度数法との対応では，

$$1\text{ラジアン} = 360°/(2\pi) \sim 57.3°$$

となる。

円周の1周は，度数法では360°，弧度法では2πラジアンなので，

$1\text{ラジアン} = (360/2\pi)° = (180/\pi)° \sim 57.3°$

$1° = (2\pi/360)\text{ラジアン} \sim 0.0175\text{ラジアン}$

$1\text{ミリ秒角} = (1/3600000)° \sim 4.85 \times 10^{-9}\text{ラジアン}$

ファクターとオーダー

　ここで"ファクター"と"オーダー"の話をしておこう。ここまでいろいろと数字を出してきたので，天文学って数値的にちょっと細かい感じがしたかもしれないが，実はむしろ逆で，天文学は数値に関してはかなり大雑把なところがある。というのも，物理学や化学などと異なって，天文学では対象を手に取って実験することができないため，天体までの距離だとか，天体の質量だとか，天体の密度だとか，精密な測定が根本的に非常に難しく，しばしば粗い測定値（観測値）しか得られない。だから，天文学ではしばしば，あまり細かい数値にはとらわれずに，数値の桁に注目してものごとをとらえる。

　で，「ファクター（factor；因子）」と「オーダー（order；桁）」だが，2倍と3倍の違いのことを"ファクターが違う"といい，100倍とか1000倍違うときに"オーダーが2桁/3桁違う"といい表す。たとえば，日常的には2日で済むところが，3日かかると問題になるだろうが，天文学的には2日と3日は1.5倍しか違わないので，ファクターが違うだけだから，だいたい同じだとみなすことがある。一方，数日のところが数か月くらいになると，オーダーで2桁違うから，さすがに違うなと考えるわけだ。

　もう少し具体例を出してみようか。人の体重をオーダー評価してみよう。

　知ってのとおり，体積と密度をかければ質量が出てくる。人は縦に細長い

ので，幅が 20 cm，厚みが 10 cm，高さが 2 m くらいの直方体程度の体積があるだろう。人体の密度は，骨など少し硬い部分もあるが，だいたいは水の密度，すなわち 1 g/cm³ とそう変わらないだろう。だから，人のおおよその体重は，これらをかけ合わせて，単位などをそろえ，

$$20\,\mathrm{cm} \times 10\,\mathrm{cm} \times 2\,\mathrm{m} \times 1\,\mathrm{g/cm^3} \sim 40\,\mathrm{kg}$$

くらいだろう。とまあ，こんなに粗い計算でも，オーダーはちゃんと合っている。

なお，上の式で使った，

$$\sim$$

の記号は，先にも使っているが，通常は"だいたい等しい（nearly equal）"を意味している。天文学の場合でも基本的には同じ使い方をするが，ただ天文学の場合，その"だいたい"の中に，"オーダーは違わないけどファクターくらいは違っているかもしれませんよ"という意味合いが含まれていることを注意しておきたい。

もちろん数値に意味がないというわけでは全然なく，必要な数値を必要な部分だけ上手に用いるということで，ときにはファクターの違いを問題にすることもある。細かいところまで気にしても仕方がないとき・求めても意味がないときには，細かい部分をバッサリと切り捨てるということだ。ファクターを問題にするのか，オーダーを問題にするのかは，十分に見極めるセンスが問われるところである。

【章末問題：沈む夕日，語る時間】

太陽の視直径（見かけの直径）は 32.0′ で，距離は 1 天文単位である。実際の直径はいくらになるか。また月の視直径は 31.1′ で，距離は 38 万 km である。実際の直径はいくらになるか。

さて，太陽が沈むとき，太陽の下の縁が地平線にかかってから上の縁が地平線の下に完全に隠れるまでの時間，すなわち，日没にかかる時間はどれくらいだろう。まず，具体的に計算する前に，今までの経験や記憶から，どれくらいかを推測してみよ。次に，太陽の視直径を約 30′ として計算してみよ。さらに，晴れた日の夕刻，日没にかかる時間を実際に測定してみよ。

3章　物理的な表現

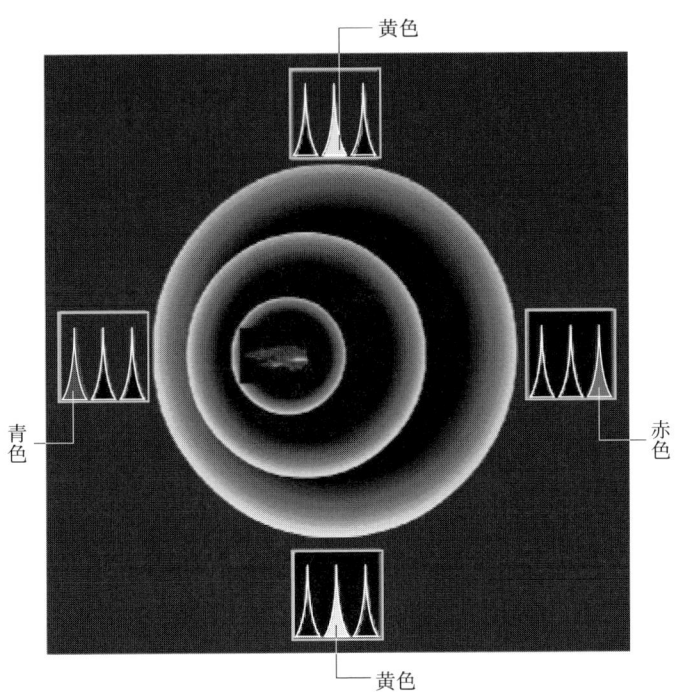

光のドップラー効果
　黄色の光を放つ光源が運動しているとき，進行方向前方では光は"青く"なり，進行方向後方では"赤く"なる。

　物理量の単位や次元についてはすでに紹介したが，天体現象を考えるうえで，光の性質と万有引力の法則は非常に重要な物理概念になっている（万有引力の法則は，そもそもは天体現象がもとになっているのだが）。ここでは，光（電磁波）の基本的な特徴やニュートンの法則について，少しだけ触れておこう。

光とスペクトル

　天文学においては，対象となる天体がきわめて遠方にあるために，地球近傍の太陽系内のごく一部を除いて，対象を間近で見たり手で取って直接調べたりすることができない。そのため，対象の状態を知るためのきわめて重要な手段が，天体が発する電磁波（光）を"観る"ことなのだ。しかし，光あるいは光の仲間である電磁波とはどんなものだったのだろうか。

　電波（radio wave），赤外線（infrared），可視光（visual light），紫外線（ultraviolet），X線（X-ray），ガンマ線（gamma-ray）など，光の仲間を一般に「電磁波（electromagnetic wave）」とよんでいる（図3.1）。可視光線以外の電磁波は目には見えない。電磁波（光）は波としての性質をもつ一方で，粒子としての性質ももっている。前者の特徴を表すときには電磁波（electromagnetic wave），後者の場合は光子（photon）と使い分けることもあるが，ここではとくに区別せずに用いる。

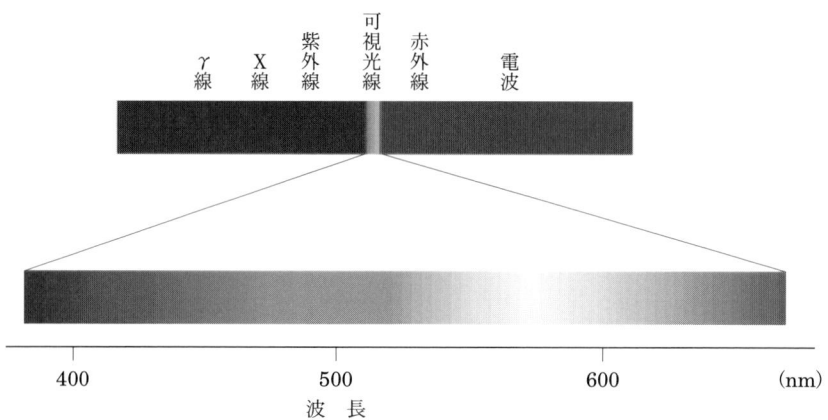

図3.1　電磁波と可視光線（粟野諭美ほか『宇宙スペクトル博物館』）．

光の性質

　まず最初に，電磁波/光子の基本的な性質について復習しておく。

電磁波を波としてとらえたときには，ある特定の「波長（wavelength）」——λ（ラムダ）というギリシャ文字で表す——と特定の「振動数・周波数（frequency）」——ν（ニュー）で表す——をもつ。波長 λ と振動数 ν の積は常に光速 c に等しい。

$$\lambda \nu = c$$

ただし，

真空中の光速度 $c = 299792458$ m/s

である。波長の基本単位は m（SI 系）や cm（cgs 系）だが，ミリ波とよばれる短波長の電波では mm，赤外線や可視光では μ（ミクロン），可視光ではさらに nm（= 10 億分の 1 m：ナノメートル）を用いることも多い。一方，1 秒当たりの振動数は Hz（ヘルツ）で測る。

スペクトル

プリズムなどで分解された光は紫から赤まで色が順番に並ぶ。日本では，

赤橙黄緑青藍紫（せきとうこうりょくせいらんし）

で虹の七色とよばれるが，国によっては 6 色などの場合もある。このように色（波長）に分解された光を「スペクトル（spectrum）」とよんでいる。

このスペクトルという言葉は，プリズムで光を分解したニュートン（Sir Isaac Newton，1642 ～ 1727）が最初に使ったとされる。スペクトルには，連続スペクトルと線スペクトルがある。白熱電球や太陽の光などはさまざまな波長の光を含んでおり，光を波長に分けたときになめらかなスペクトルになるが，これを「連続スペクトル（continuum, continuous spectrum）」という。

一方，星のスペクトルやクェーサーのスペクトルのように，ある特定の波長近傍でとくに光が強かったりあるいは弱かったりする場合，スペクトル画像の上で線のように見えることから「線スペクトル（line spectrum）」という。また，さらに線スペクトルの中で，特定の波長で光の強度が強い場合を「輝線（emission line）」，弱い場合を「吸収線（absorption line）」とか暗線という。太陽のスペクトルも細かく見れば，多数の吸収線をもっている。

スペクトルからわかること

　天文学では，電磁波の観測によって，天体に関するさまざまな情報を得ている。というのも，電磁波の発生機構の違いや，対象の状態，伝播途中の宇宙空間による吸収や赤方偏移，さらには地球大気の吸収などによって，スペクル図の輪郭は千差万別なものになるからだ。したがって，スペクトルを詳細に調べることによって，天体を形づくっている物質（元素）の組成，天体の温度・密度・圧力・電離度などの物理状態，空間内の移動や自転・公転，そして，膨張・収縮・乱流などの運動状態，天体のまわりの時空の性質，さらに天体と地球の間の宇宙空間の状態などに関する情報が得られるのだ。

ドップラー効果と赤方偏移

　光のスペクトルから，天体の運動状態を知る方法について述べておこう。

光のドップラー効果

　救急車が近づくときにはピーポー音が高くなり，遠ざかるときにはピーポー音が低くなる。これは音が波であるために起こる現象だ。すなわち，進行方向前方では，一定時間内に届く波の数は多く（振動数は高く）なり，逆に進行方向後方では，波の数は少なく（振動数は低く）なるために生じる。この現象を，1842年に最初に研究したオーストリアの物理学者 C. J. ドップラー（Christian Johann Doppler, 1803～1853）にちなんで，「ドップラー効果（Doppler effect）」とよんでいる。

　天体からやってくる光も波の一種なので，音のドップラー効果と同じ現象が起こる（25ページの章扉参照）。すなわち，光を出す天体（星やガス）が観測者（地球）から遠ざかるように運動しているときには，観測される波長がもとの波長より長くなり逆に，地球に近づくように運動しているときには，もとの波長より短くなる。光源と観測者の間の相対的な運動によって，観測される光の波長（振動数）が実験室で測定されるものとずれる現象を，「光

のドップラー効果」とよぶ．この光のドップラー効果を測れば，天体（光源）の運動状態を知ることができるわけだ．

赤方偏移

天体から到来する光は，ドップラー効果やその他いろいろな原因で波長がずれて（偏移して）観測される．もし，天体から発した光の波長が長くなって（振動数は低くなって）観測されたなら，色でいえば黄色の光が赤色の方に移動するので，「赤方偏移（redshift）」といい，変数 z で表す．赤外線や電波あるいはX線などの場合でも，可視光のよび方を踏襲して，波長が伸びる方向へのずれを赤方偏移とよぶ．逆に，もし波長が短くなって（振動数は高くなって）観測されたなら，色でいえば黄色の光が青色の方に移動するので，「青方偏移（blueshift）」という．両者をまとめてよぶときには，青方偏移も含めて，これらスペクトル線の偏移を"赤方偏移"と総称する．

赤方偏移は，その原因が何であれ，あくまでも観測的に決められる量である．すなわち，光のもとの波長（実験室での波長）を λ_0，観測された光の波長を λ とすると，

$$赤方偏移\ z = (\lambda - \lambda_0)/\lambda_0$$

で定義される．波長が長くなる（本当の）赤方偏移では z の値は正になり，波長が短くなる青方偏移では z は負になる．

ニュートンの法則

物理的な力としては，荷電粒子の間で働く電磁力，原子核内で働く強い力と弱い力，そして質量をもった粒子の間で働く重力が知られている．これらのうち，天体現象のような巨視的なスケールで重要なのは「重力（gravitation）」である（いや，もちろん，他の力も重要でないわけではないが）．ともあれ，天体現象を理解するために，万有引力の法則を紹介しておこう．

質量をもったあらゆる物体の間には，お互いに引き合う力が働いていて，

「万有引力（universal gravitation）」とよんでいる。万有引力の大きさは，それぞれの物体の質量の積に比例し，距離の2乗に反比例する。

あまり式は出したくないが，式で表せば，物体の質量を M および m とし，距離を r とすると，万有引力 F は，

$$F = -GMm/r^2$$

となる。

式で表現することの利点の一つは，文章でははっきり書いていないような部分も明瞭に記述されることだ。すなわち，2物体の質量の積とか，距離の2乗に反比例などという部分は，文章表現でも式表現でもまったく同じだが，それ以外に，式表現にはマイナスの符号と，G という記号が"増えて"いるではないか。

このうち，マイナスの符号は，万有引力が"引力"であることを意味している。一般的な前提として，働く力が反発力の場合はプラス，引力の場合はマイナスと約束しておけば，マイナスの符号が付けば，自動的に引力を表すわけだ。余談だが，日本語だと万有"引力"というので，字面からも引力なのは当たり前っぽいが，実は，英語では，単に universal gravitation（万有重力）としか書かないので，字面からは引力か斥力かははっきりしない。

もう一つは記号 G だ。これは"比例し"の部分からきている。いわゆる"比例定数"である。万有引力の法則における特別な比例定数だから，「万有引力定数」とよばれる。比例定数だから，A でも B でもよさそうなものだが，gravitational constant（万有引力定数）の頭文字をとって G で表すことが多い。万有引力定数は，この宇宙における万有引力の力の強さを表すものなのだ。具体的数値を書けば，

$$万有引力定数\ G = 6.6726 \times 10^{-11}\,\mathrm{N\,m^2/kg^2}$$

である。

【章末問題：身の回りの電磁波】
日常の生活でどのような電磁波が使われているか調べてみよ。

4章　天文学的な表現

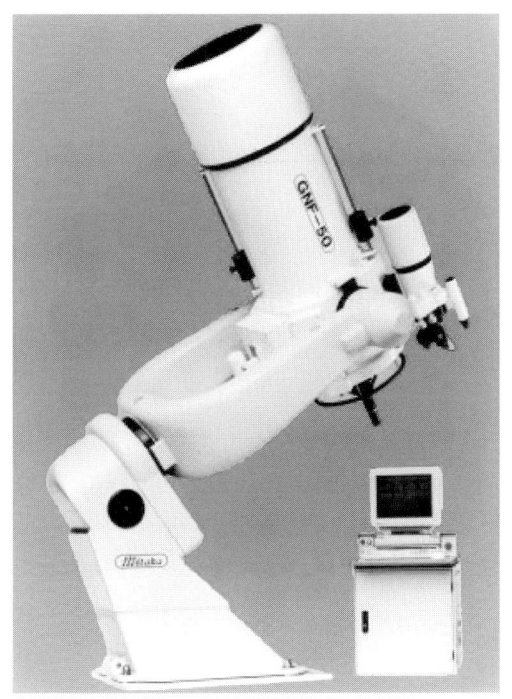

大阪教育大学口径51cmの反射望遠鏡（三鷹光器）

　すでに述べたように，天文学においては，探求の対象である天体を観測し，そのデータをもとに，数学を言葉とし，物理学を武器として，天体の振る舞いを調べたり，天体現象の仕組みを探ったり推理したりする。ここでは，観測という天文学に特有の手法について概要をまとめ，さらに，天体の位置，時刻，等級，距離など天文学的な基礎事項を紹介しよう。

天体の観測

まず,望遠鏡や観測装置,観測方法など,天体の観測に関する基礎をまとめておこう。

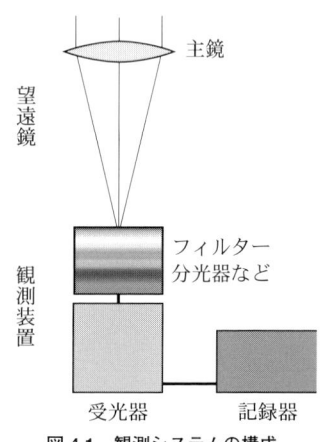

観測システムの概要

天体を観測するためのシステムは,天体からやってくる光を集める"望遠鏡"と,望遠鏡で集めた光を受ける"受光器",そして得られたデータを記録したり分析したりする"記録器"からなっている(図4.1)。これらの大まかな構成は,可視光で天体を観測する可視光観測でも,電波観測でもX線観測でも,基本的には同じである。

まず,宇宙の彼方の天体から飛来した光(電磁波)を集める器械が「天体望遠鏡(astronomical telescope)」である。はるか宇宙の彼方から旅してきた光は,望遠鏡の焦点に集められて,そこに天体の像を結ぶ。その天体像を,接眼鏡を通して見たり,受光装置で記録して調べることによって,宇宙の姿をかいま見ることができるのだ。望遠鏡というと,普通の可視光の望遠鏡が頭に浮かびやすいが,波長の長い電波領域では,網目状のパラボラ望遠鏡もあるし,テレビ電波を受信するアンテナも望遠鏡の一種である。また波長の短いX線領域では,X線を集めるX線望遠鏡もあるが,ガイガーカウンターのようなX線検出器も望遠鏡の役目を果たす。

望遠鏡で集めた光を受け止めるのが,広く「受光器/検出器(detector)」とよばれる観測装置だ。具体的には,写真のように天体の像をとらえる「撮像カメラ(imaging camera)」や,天体の光の強さを測定する「測光器(photometer)」,そして天体の光をスペクトルに分解する「分光器(spectrometer)」などがある。必要に応じて，ある波長域の光だけを通すフィルターなどの補助装置を付けることが多い。

さらに，現在の天体観測では，観測データはすべてデジタル化されて，コンピュータのハードディスクなどの電子記録媒体に保存される。そして，解析プログラムを用いて，天体の位置や明るさなどを精密に測るなどの整約処理が行われた後に，価値ある天体情報へと生まれ変わることになる。

望遠鏡の構造と働き

天体望遠鏡の役割は，
・天体からの光をできるだけたくさん集め（集光）
・シャープな像をつくり（結像）
・そして，その像を大きくして見る（拡大）
ことである。これらのことを可能にするための光学系の違いによって，天体望遠鏡は，大きく屈折望遠鏡と反射望遠鏡に分けられる。

①屈折望遠鏡と反射望遠鏡

一般的な天体望遠鏡は，光を集める「主鏡（primary mirror）」を収めた「鏡筒（body）」と，鏡筒を支える「架台（mount）」からできている（31ページの章扉）。主鏡としてレンズを使うか反射鏡を使うかによって，望遠鏡は屈折望遠鏡と反射望遠鏡の二つのタイプに大別され，また主鏡で集めた光の導き方によってさまざまな焦点がある（34ページの図4.3）。さらに架台の方も，天体の追尾の仕方によって，赤道儀式と経緯台式の二つのタイプに大きく分かれ，さらに支え方によってさまざまな架台がある。

「屈折望遠鏡（refractor）」は，凸レンズを主鏡として，それがつくる実像を接眼鏡で拡大するものである。一方，「反射望遠鏡（reflector）」は，回転放物面でできた凹面反射鏡を主鏡としたものである。

なお，大きなレンズを作成し保持するのは大変難しいので，屈折望遠鏡の大きさの限界は口径1m程度である。したがって，大きな口径の望遠鏡は現在ではすべて反射望遠鏡である。

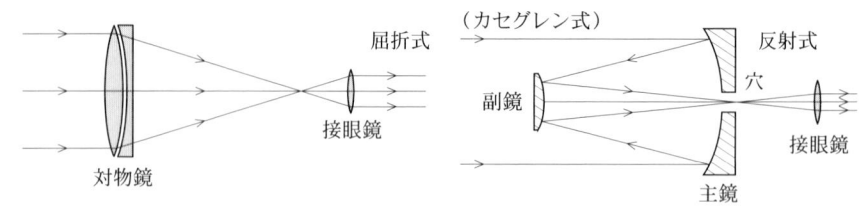

図 4.2　屈折望遠鏡（左）と反射望遠鏡（右）．

②望遠鏡の性能

　屈折望遠鏡にせよ反射望遠鏡にせよ，光を集めるレンズあるいは凹面鏡のことを「主鏡（primary mirror）」とよぶ．また，主鏡の直径を「口径（diameter）」という．口径が大きいほど，光を集める能力（集光力）も細かい構造を見分ける能力（分解能）も高くなるので，望遠鏡の性能はおおむね口径の大きさで決まる．よく，望遠鏡の宣伝などで"倍率＊＊倍"などとうたってあるが，倍率の大きさに惑わされてはいけない．倍率がいくらよくても，口径が小さければ，天体像は暗くなって見えない．重要なのは口径である（図 4.3）．

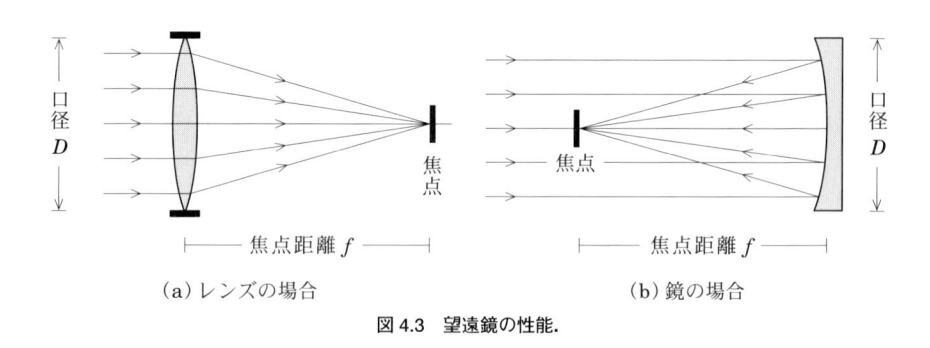

図 4.3　望遠鏡の性能．

　分解能について具体例を挙げると，たとえば，肉眼の分解能は角度にして$1'$（1 分角）程度だ（視力で 1 ぐらい）．一方，ガリレオの望遠鏡（口径 2.5 cm）でさえ，その分解能は肉眼の 20 倍もあった（視力で 20 ぐらい）．たとえば，月は見かけの直径が $30'(=0.5°)$ ほどなので，肉眼では，月の直径の 30 分の 1（約 100 km）くらいのもの，すなわち，月の山や海のような模

様がわかる程度だ。しかし，ガリレオの望遠鏡（〜肉眼の 20 倍）なら，5 km くらいのもの，すなわち，大きなクレーターが見えたのである。その他の例も並べると，

$D = 0.7$ cm（瞳の直径） $\theta \sim 0.3'$（視力 3）
$D = 2.5$ cm（ガリレオの望遠鏡） $\theta \sim 5''$（視力 12）
$D = 10$ cm（小型望遠鏡） $\theta \sim 1''$（視力 60）
$D = 51$ cm（大阪教育大学望遠鏡） $\theta \sim 0.24''$（視力 250）
$D = 8$ m（すばる望遠鏡） $\theta \sim 0.016''$（視力 4000 !）

のようになる。ただし，上記の値は理想的な場合であって，さまざまな要因によって，実際の分解能は悪くなる。とくに，地上から観測する場合は，特殊な補正をしない限り，大気のゆらぎなどの影響で望遠鏡の分解能は 0.1″（秒角）くらいが限度である。

観測装置の構造と働き

望遠鏡で集めた光を検出するには，伝統的な写真術と，近年開発され，現在では写真にほぼとって変わった感のある CCD など固体画像素子がある。

CCD 受光器とその性能

現在では，デジタルカメラや携帯電話にも使われている「電荷結合素子 CCD（charge coupled device）」は，後述する光電効果を利用して，入射した光を電子に変えてためる半導体素子である（図 4.4）。CCD の基本的な構造は，石英 SiO_2 などの絶縁層を，透明度のよいシリコン化合物でつくった電極とシリコン Si のベースでサンドイッチしたものである。シリコンベースの上には，大きさが 10 ないし 20 ミクロン程度の電

図 4.4 CCD 素子（粟野諭美ほか『宇宙スペクトル博物館』）.

気的に仕切られた多数の微小区画（ピクセル）ができていて，これが一つの素子となる．ここに光子が入射すると，光子は電極と絶縁層を素通りしてシリコンベースに入る．

そして，そこでシリコン原子内の電子を入射光子が弾き飛ばす光電効果により，シリコンから光電子が飛び出す．光電子はプラスの電圧をかけられた電極に集まるが，電極はシリコンと絶縁されているので，光電子は電極に流れ込まずに，シリコンの表面の各ピクセルにたまっていく．たまった電子を一定の方式で移動させて外部で読み取り，コンピュータでCCD上の各ピクセルごとの量を計測して，天体の画像として再現し，記録するのである．

さて光検出器の性能を示すものに，量子効率，波長感度，そしてダイナミックレンジとよばれるものがある．すべてにおいて，CCDは写真より優れている．

まず，入射してきた光子のうち，実際に信号として有効に記録される光子の割合を「量子効率（quantum efficiency）」という（図4.5）．入射した光子の数と受光器が出力する電子の数との比，あるいは写真上の銀粒子の数との比といってもよい．もちろん，量子効率が大きい方がいいのは明らかだ．肉眼の量子効率は1％以下である．写真乾板の量子効率は，たかだか数％である．光電管（光電子増倍管）の場合，量子効率は10％程度になる．一方，CCDはきわめて量子効率が高く，70％ないし90％にも達する．

天体からの光を受光器で検出するとき，受光器はすべての波長の光に反応するのではなく，ある限られた波長域の光にのみ反応する．そのときの波長ごとの感度を，「波長感度特性（spectral sensitivity）」という（図4.5）．たとえば，肉眼は黄色から緑色の光にもっともよく感じる．写真乾板は300nmか

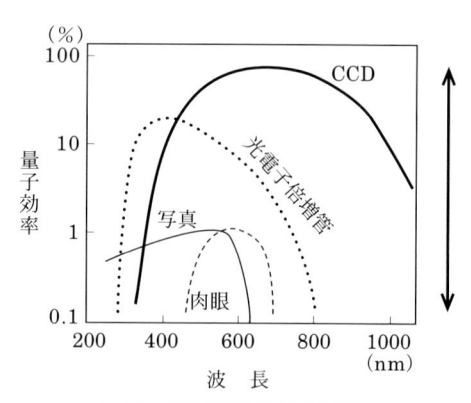

図4.5 量子効率と波長感度特性．

ら700 nmぐらいの青い光をよく感じる。一方，CCDは青から近赤外まで（400〜900 nm）伸びた，広い波長感度を有している。最近は，紫外線やX線領域のCCDも開発されている。

さらに，検出器で測定し得る光の強さの最大値と最小値の比を「ダイナミックレンジ（dynamic range）」という（図4.6）。最小値は検出器のノイズによって決まり，最大値は強い光を当てたときの飽和現象によって定まる。ダイナミックレンジが大きいと，等級差の大きな天体を同時に観測できる。写真のダイナミックレンジは100程度だが，CCDのダイナミックレンジは10万から100万にも達する。しかも，CCDの場合，露光と信号の出力の間には単純な比例関係が成り立つのでデータ処理が非常に容易なのだ。

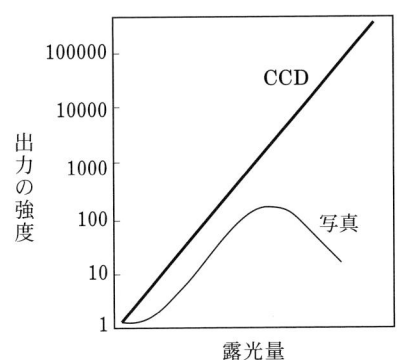

図4.6 ダイナミックレンジ．横軸は露光量（受光した光の量）で，縦軸は出力の強度（写真の黒みや電気信号として記録された量）．

以上のように，CCDは写真より格段に感度が高いため，淡い光を受ける天体観測に適しているが，天体の光は非常に弱いので，CCDを使っても，数分から1時間程度までの長時間露出が必要なことも少なくない。CCDで観測する際には，観測中の暗電流（熱雑音）を抑えるため，CCDチップを真空容器（デュワー）に納め，マイナス数十℃から−100℃以下まで冷却して使う（図4.7）。

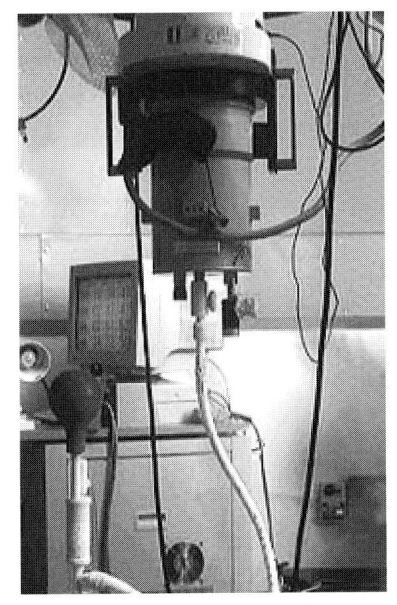

図4.7 液体窒素を注入して冷却中のCCD真空容器（大阪教育大学）．

ものをみるということ

　天体の観測について概要を紹介してきたが，話ついでに，"ものをみる"，ということについても簡単に紹介しておこう。

　●目の構造　生き物は，視覚・聴覚・臭覚・触覚・味覚など，さまざまな感覚を備えているが，"百聞は一見にしかず"というように，眼から得られる情報は非常に大きい…。"人は見た目（笑）"。触ることも，臭いをかぐことも，音を聞くこともできない天体について，われわれがいろいろなことを調べられるのは"観る"ことができるからにほかならない（図4.8）。

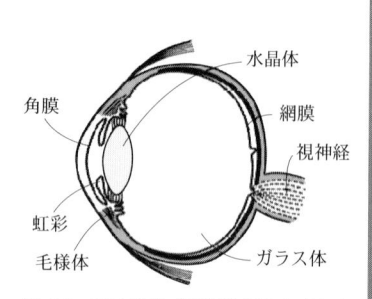

図4.8　目の構造（粟野諭美ほか『宇宙スペクトル博物館』）．

　人間の目に入ってきた光は，角膜の後ろの水晶体（レンズ）で曲げられ，透明なガラス体を通過して，眼球の奥の網膜上で像を結ぶ。網膜にはたくさんの視細胞が並んでいるが，面白いことに，光が入射する網膜の表側には視神経細胞があって，光を受ける視細胞は網膜の裏側の方にある。視神経は網膜の表面を延びて一か所に集まり，眼球の後ろ側へと束になって抜けている。

　そして，視細胞が光によって刺激を受けると，それを信号として視神経を通じて脳に伝えるのだ。なお，レンズが一つしかないことから，網膜に映る像は実際は倒立像なのだが，脳がその情報を正立像へ変換して正しい像としてぼくたちは認識している。

　●色の認識　視細胞には，根元が棒状の桿体細胞と，根元が円錐状の錐体細胞があり，桿体細胞は明暗を感じ錐体細胞は色彩を感じ分ける（図4.9）。錐体細胞には，赤色の光で大きな感度をもつもの，緑色の波長帯で感度が最大になるもの，そして青色付近で感度が高いものの3種類がある。人間の眼では，主に感度領域の中央（緑色の光）で明るさをとらえ，感度領域の両端（青や赤）で色合いを決めているらしい。

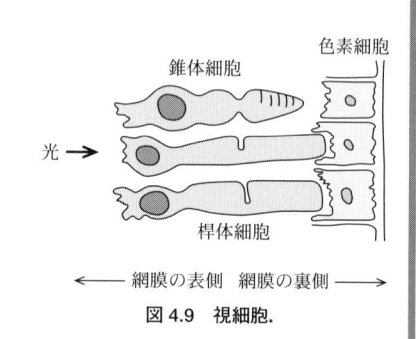

図4.9　視細胞．

　さて，一人一人の人間が色をどのように認識し知覚しているかは，実は，物

理・生理・心理などがからみ合った難しい問題である。たとえば，"波長は色ではない"という言葉がある（ニュートンに従えば，"光線に色はない"というべきか）。

一般的には，"光はプリズムで虹の七〈色〉に分けられ，可視光の各波長は，それぞれの色をもっている"というようないい方をするし，先にも，そう書いている。しかし，これは本当だろうか。

たとえば，ぼくたちの脳は，黄色光を見たときには，もちろん"黄色"として認識するが，赤色光＋緑色光を見たときにも"黄色"として認識するのではないか。黄色光と赤色光や緑色光は，物理的にはまったく異なる波長の光なのだが，脳が認識する色としては，どちらも"黄色"になる。すなわち，ある光を受けたときに（それが単色光でも複合光でもいいが），その刺激が脳に伝わって初めてある種の"色"として認識されるのであって，光は本来はどの波長も無色透明なのだ！　色という概念は，あくまでも感覚であり認識であることがわかるだろう。

このように，物理的・生理的・心理的側面から色を論ずる学問を「色彩論」とよんでいる。色彩論は，プリズムで虹を分解した男，かのアイザック・ニュートン（I. Newton）に始まり（ニュートンの『光学』は，1704年に出版された），トーマス・ヤング（T. Young）やヘルマン・ヘルムホルツ（H. Helmholz）らによる「色覚三原色説」を経て，ジェームズ・クラーク・マクスウェル（J. C. Maxwell）が測色法を開発し，現代色彩学に発展していった。ちなみに，ニュートンと同時代のロマン派詩人ジョン・キーツらは，虹を分解して虹のもっていた詩情を破壊してしまったとしてニュートンを非難したが，この非難は的外れである。なぜなら，スペクトルに分解された虹の向こうには，はるかに深い謎に満ちたセンス・オブ・ワンダーの世界が広がっていたからだ。

天体の位置

ものごとを考えるときには，普通は"いつ"，"どこで"という情報から，スタートする。天体の観測の場合も同じで，天体の位置（見かけの位置；視位置）と時刻を知らなければならない。まず，前者の天体の位置から考えてみよう。天体（星）の位置はどのように決めるのだろうか？

日常（地球上）での決め方から思い起こしてみよう．地球上で場所（位置）を指定するもっとも単純な方法は，"梅田駅"とか"通天閣の下"のように，ある程度認知されたランドマークなど，いわゆる，

　　・固有名（地名）

で場所を指定する方法だ．天体の場合でも，たとえば"シリウス"とか"アンドロメダ銀河"などの固有名がこれにあたる．ただし，固有名は数が限られるし系統的ではないので，有名なもの以外は使われない．

　次なる方法は"吉田本町1-1"のような住居表示で，

　　・所番地

を指定する方法だ．天体の場合でも，たとえば，星座名を用いた"α Cen（ケンタウルス座アルファ星）"とか"はくちょう座 X-1"，あるいはカタログ名と組み合わせた"M 31 銀河（アンドロメダ銀河）"などがこれにあたるだろう．ただし，所番地式も数が限られるし，普遍的な方法ではない．

　地球上のどの地点でも確実に指定できる方法は，（緯度，経度）という，

　　・地表に張った座標

で指定する方法だ．天体の場合も，座標指定が最終的な方法である．

天球座標

　だだっ広い場所で天空を仰いで見ると，まるで空の彼方には透明な丸いドームがあって，太陽や星などは，その球状の天に張り付いているような錯覚を覚える．この仮想的な球面を，「天球（celestial sphere）」とよぶ（図 4.10）．

　もちろん，宇宙空間はもともとは3次元で，天体はその3次元空間内に存在するのだから，天体の位置を決めるためには，本来は三つの座標が必要だ．具体的には，直角座標 (x, y, z) だったり，観測者を中心とする球座標 (r, θ, ϕ) だったりする．しかし，天体は一般に十分遠方にあるので，しばしば距離についての情報を無視して，天体は観測者を中心とした半径無限大の球 —— 天球 —— の表面

図 4.10　天球．

にあると考えても，実際上は差しつかえないことが多いのである。そして，この仮想的な天球上で，天体の位置や動きを考えるわけだ。

　地球上の位置は緯度と経度で表すが，天球上の位置も同じ方法で表せる。そのような天球上に設定した座標を「天球座標（celestial coordinates）」という。星の見える方向が時刻によって違うのは，地球が自転しているからであり，季節によって違うのは，地球が太陽のまわりを公転しているからだ（前者を日周運動，後者を年周運動という）。このような星々と地球の間の相対運動のため，どのような座標系を用いるかによって，星の位置の指定の仕方は異なる。たとえば，地球上に固定したもので地平面に準拠したものが「地平座標（horizontal coordinates）」で，天球上に固定したもので地球の赤道面に準拠したものが「赤道座標（equatorial coordinates）」である。地球上に固定した地平座標では，天体の位置を天体の高度と方位で表す。また天球上に固定した赤道座標では，経度に相当する赤経と緯度に相当する赤緯を用いる。グリニッジ子午線に相当する赤経方向の原点は，うお座にある「春分点（vernal equinox）」の方向と定めている。ほかにも，地球の軌道面に準拠した黄道座標，銀河面に準拠した銀河座標などがある。

天体の時刻

　次に，時刻システムについて考えてみよう。時刻はどのようにして決めているのだろうか？

　日常生活で考えてみたとき，朝，東の空から太陽が昇り，夕，西の空に太陽は沈む。そして，正午ごろに太陽は南の空にあるはずだ。だから，日常の時刻は太陽を基準にしているらしいことがわかるし，太陽が南（真上）の空にあるときと，正午が関係しているらしいこともわかる。

　一方，夜空で見える星々を考えたとき，冬の夜空では，宵，東の空からオリオン座が昇り，明，西の空にオリオン座が沈む。そして冬の真夜中には，オリオン座は南の空にあるだろう。だから，星の位置（の変化）も時刻と関

連があることがわかる。しかし，夏の真夜中だと，南の空にはオリオン座はなく，たとえばさそり座が見える。だから，星を基準にした時刻システムは，太陽を基準にした時刻システムとは異なることもわかる。

太陽時と恒星時

　太陽の日周運動を基準にした時刻システムを，「太陽時（solar time）」という。太陽時では，

　　　　太陽が南中（真南にある）したときの時刻＝正12時

とする。実際の太陽の運動を用いる時刻を真太陽時という。しかし，地球の公転速度が一定でないため太陽の移動速度が一定でないことなどから，真太陽時は一様な時間の流れにならない。そこで，天の赤道上を1年に等しい周期で一定の速さで運行する仮想的な平均太陽を考えて，日常生活では，その平均太陽に準拠した平均太陽時を用いる。すなわち，実際の太陽ではなく，平均太陽が南中したときの時刻が正午なのだ。平均太陽と実際の太陽は最大で15分ぐらいずれることがあるので，日常生活で時計が正午を示したとき，太陽は真南から少しずれていることも多いだろう。

　一方，恒星など天体の運動（地球の自転）を基準にした時刻システムを，「恒星時（sidereal time）」という。恒星時では，

　　　　うお座の春分点が南中したときの時刻＝0時

とする。

　太陽のまわりの地球の公転運動のために，地球が太陽に対して1回自転するのは，恒星に対して1回自転するのより，約4分長い。

　さて，あるまとまった地域では，同一の時刻を用いる方が便利である。これを「標準時（standard time）」という。また，時刻を定義する子午線の経度を標準子午線の経度という。さらに，グリニッジ子午線（経度＝0°）による標準時を，とくに「世界時（UT）」という。日本で使われる「日本標準時（JST）」の標準子午線は東経135°（9h）であり，世界時より9時間早い。

　　　　JST ＝ UT ＋ 9h

天体の等級

天体の明るさを表す基本的な単位（ただし，次元はない）が，「等級（magnitude）」である。天体から放射される全エネルギーである光度（luminosity）[W] と異なり，等級は対数的な単位になっている。すなわち，人の目が明るさを感じるときには，対象の明るさが1倍から10倍，10倍から100倍，さらに100倍から1000倍と（等比級数的に）変化したときに，同じくらいずつ明るくなったように感じる。このような人間の目の感覚的な性質をもとに，等級が決められた。似たようなものに，音の大きさのデシベルや音階などがある。

見かけの等級

地球から測定した天体の等級を「見かけの等級 m （apparent magnitude）」という（図4.11）。見かけの等級は，以下のように定義する。

① 明るさの"比"が等しいときに，等級の"差"が等しい。すなわち，等級のステップは等差数列的ではなく，等比数列的（対数的）になっている。

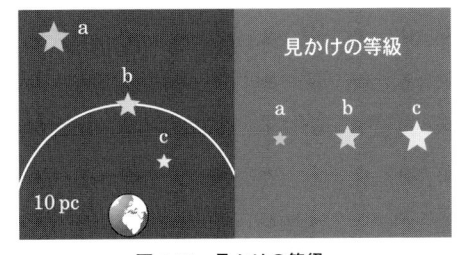

② 明るさ比が100のときに等級差は5等級とする。すなわち，1等級の差は，明るさの比では，

　　　$100^{1/5}$ ＝ 約 2.512 倍

だけ違うことになる。

③ また慣用的に，明るいほど等級が小さいということにしている（すなわち，6等より1等の方が明るい）。具体的には，もっとも明るい星がだいたい1等ぐらい，暗夜に肉眼でやっと見える星が6等ぐらいになる。

図 4.11 見かけの等級．

星の等級は，古来より，肉眼で見えるもっとも明るい星が1等星で，もっとも暗い星が6等星とされてきたのだが，近代になって，より定量的・数学的に定義したものが，上の条件なのである。その結果，1等よりも明るい星も存在することになり，0等やマイナス等級などが使われることとなった。たとえば，満月はマイナス12.6等で，太陽はマイナス26.74等になる。

何も断らずに等級というときには，普通は見かけの等級を表す。

絶対等級

天体の真の明るさは同じでも，天体の距離が近いと明るく見えるし（見かけの等級は小さくなる），遠ければ暗く見える（見かけの等級は大きい）。すなわち，見かけの等級は，天体の真の明るさには対応していない。天体の本来の明るさを比べるには，天体までの距離の影響を考えなければならないのだ。言い換えれば，天体までの距離が同じになるように仮定すればよい（図4.12）。

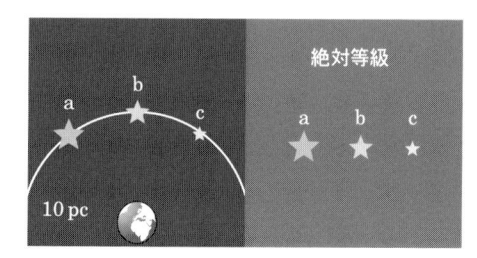

図4.12　絶対等級.

そこで，地球から 10 pc（32.6 光年）の距離に天体があるとした場合（あるいは，天体から 10 pc の距離に観測者がいるとした場合）の等級を「絶対等級 M（absolute magnitude）」と定義して，それで天体の実際の明るさの違いを表す。すなわち，絶対等級が小さい天体は，真の明るさが明るい（光度が大きい）天体なのだ。

たとえば，太陽は（地球から見た）見かけの等級はマイナス26.74等だが，10 pc の距離に置いた絶対等級は4.83等にすぎない。

天体の距離

 天球のところで述べたように，3次元空間に存在する天体の位置を決めるには，本来は三つの座標が必要だ。ただし，天体は一般に十分遠方にあるので，天体の方向だけを考える場合も多い。しかし，星や銀河の距離は基本的な観測量である。天体の真の明るさ（光度）を求めるためにも，距離を知らなければならない。では，天体の距離は，どうやってわかるのだろうか？

 天体の距離の求め方には，さまざまな手法がある。そして，一般には複数の手法を組み合わせながら，より正確な距離を求めていくようになっているが，以下では，その一部だけを紹介しておこう。

視 差

 川向こうの地点までの距離のように直接物差しで測れない長さを測るには，三角形の相似の法則にもとづいた三角測量が使われる（図 4.13）。

 すなわち，川のこちら側に 2 点 A, B をとり，川向こうの地点を P としたときに，AB の長さと∠PAB と∠PBA を測る（したがって，自動的に∠APB も決まる）。そして，図面上に三角形 ABP と相似な三角形を描いて，その三角形の長さを測れば，三角形の相似から，AP の長さや BP の長さを求めることができる。これが三角視差（triangle parallax）を用いた距離の測定法で，このとき線分 AB を基線（baseline），∠APB を点 P の「視差（parallax）」という。

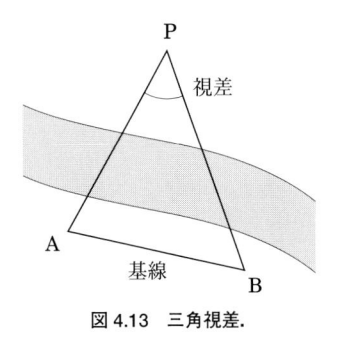

図 4.13 三角視差.

 本来は，視差というのは人間の両眼視からきている。すなわち，人間が物体を見るときに立体感や距離感をもてるのは，両眼から見た物体の方向が少し違うため，その違いを脳が上手に処理して，距離感などに変換しているからだ。この両眼から見た方向の違いが視差である。

年周視差

　三角視差の方法を用いると，基線として地球をベースにしたり，地球軌道をベースにして，比較的近傍の星までの距離を求めることができる。

　たとえば，地球の軌道半径（= 1 天文単位）を基線に用いたとき，天体を見込む角度を「年周視差 p（annual parallax）」とよぶ（図4.14）。星の年周視差が測定できれば，三角測量の方法で，距離を求めることができる。

　実際には，星の位置を精密に測定すると，天球上で星は1年周期で楕円状の軌跡を描く（黄道面では直線，黄道の極方向では円）。この楕円の長軸の半分が年周視差になる。

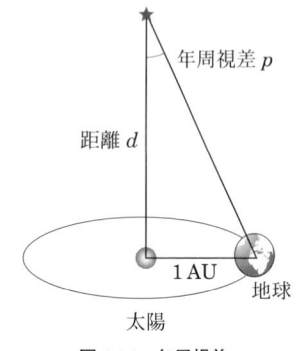

図4.14 年周視差.

　図4.14 からわかるように，$\tan p = 1\,\mathrm{AU}/d$ だが，一般に視差は十分に小さいので，$\tan p \sim p$（ラジアン）と近似してよい。すなわち，星の距離は，

$$d = 1\,\mathrm{AU}/p\,（ラジアン）$$

となる。

距離指数

　天体の見かけの等級 m と，天体の絶対等級 M，パーセク単位で表した地球と天体の距離の間には，

$$m - M = 5 \log r - 5$$

という関係が成り立つことがわかっている。したがって，何らかの方法で絶対等級 M がわかれば，見かけの等級 m を測定して，距離を求めることができる。このとき $m - M$ を「距離指数（distance modulus）」と呼ぶ。

【章末問題：星の彼方】

天体の距離を求める方法としては，視差による方法，距離指数による方法以外にも，変光星の周期光度関係を用いる方法，タイプ Ia 型超新星爆発を用いる方法，宇宙膨張に関するハッブルの法則を用いる方法など，多数の方法がある。具体的に調べてみよ。

5章　天文学の業界用語

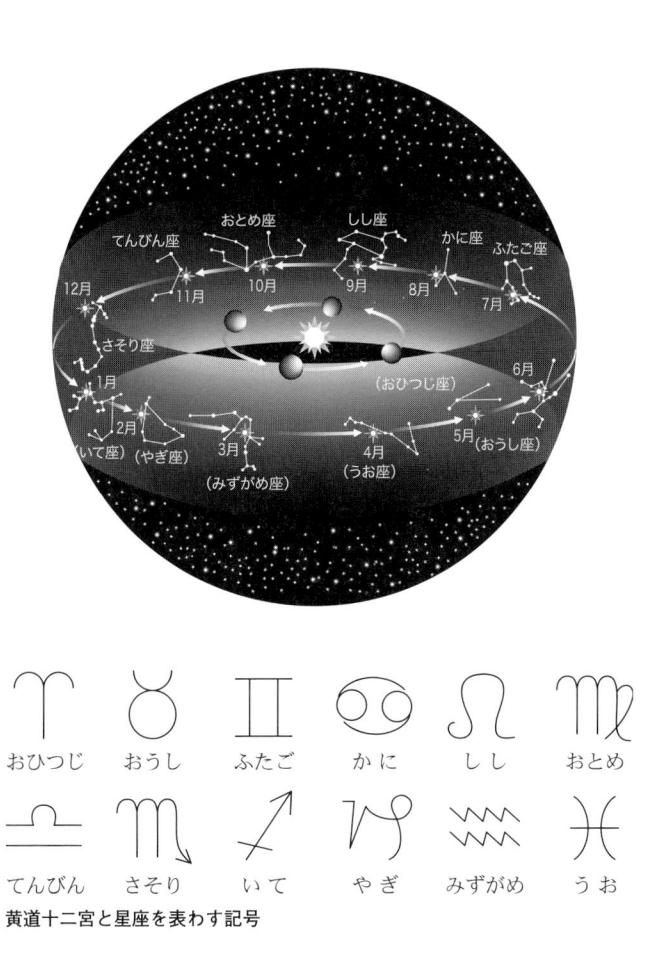

黄道十二宮と星座を表わす記号

　マスコミの世界にはマスコミの世界の業界用語があるように，天文学の"業界"にも，業界内だけで意味の通じる特殊語句（jargon）がある。「専門用語（technical term）」ともいう。ここまででも，ずいぶんと多くのジャーゴンが出てきたはずだ。ここで，科学や天文の業界用語を少し整理してみよう。

専門用語

　たとえば，"赤方偏移"とか"口径"など，いわゆる狭義の意味での専門用語がある。でも，まぁ，これらは意味が一とおりしかなく確定しているし，天文の辞書を引けば出ているので，辞書を引く労さえいとわなければ，そんなに困るものではない。

数学記号

　天文学では大きい数を扱うので，指数・対数などが必要だと述べたが，指数・対数などはごく普通の数学用語なので，数学辞典や数学公式集に性質などもまとめてある。しかし，たとえば，何度か出てきた"～"。これは"だいたい等しい"を表す数学記号だが，慣用的なものなので，辞書などには出ていないだろう。似たもので，不等号記号">""<"の下に"～"を組み合わせたものがあり，

　　　　$\gtrsim$ = ">" + "～" = "だいたい等しいか少し大きい"
　　　　$\lesssim$ = "<" + "～" = "だいたい等しいか少し小さい"

となる。

　また本書では使わないが，1階のベクトル的偏微分を表す"∇"（古代竪琴 nabla に似た形からナブラとよばれる）とか，2階の偏微分を表す"Δ"（デルタ），さらに時間まで入れた2階の偏微分を表す"$\square$"（ダランベーリアン）などという変わった記号もある。

　☆（星型）や＊（アスタリスク）なども記号だなぁ。でも，数学記号かなぁ。

定数と変数

　定数（constant）や変数（variable）は，英語のアルファベットやギリシャ語のアルファベットで表すことが多いが，光速度は c，万有引力定数は G，プランク定数は h，などというように，物理定数の記号（アルファベット）はだいたい約束事で決まっている。天文定数についても，たとえば，現在のハッブル定数は H_0 などと決まっているものが多い（付録3参照）。

さらに，変数についても，通常の定数は abc，通常の未知量や座標は xyz，半径（動径 radius）は r，時間（time）は t，質量（mass）は m，波長は λ，密度は ρ などと，英語やギリシャ語のアルファベットに，いろいろな意味が割り当てられている。英語の綴りの頭文字になっていることも多い。これらについて，そんなルールがあるのだとちょっと知っているだけでも，文脈や式の意味がわかりやすくなったりする。

ただし，定数や変数の数は多いので，当然，アルファベットだけではたらない。そのため，一つのアルファベットにいくつかの意味を割り当てざるを得ない。たとえば，γ（ガンマ）は高エネルギー電磁波の γ 線，熱力学的な量の比熱比 γ，相対論的性質を表すローレンツ因子 γ などに使われるし，Ω（オメガ）は回転角速度 Ω や宇宙の物質量を表す密度パラメータ Ω などで使われる。前後の文脈で判断しなければならない。

また，あまり明記されていないが，科学業界では，文字の書体（フォント）に関して，暗黙の了解事項がある。すなわち，

　ローマン体（立体）：通常の文字（言葉）に使う
　　　　　例：velocity, force
　イタリック体（斜字体）：定数や変数に用いる（ギリシャ語の変数は立体）
　　　　　例：速さ v，力 F，波長 λ
　ボールド体（太字）：ベクトルなどに使う
　　　　　例：速度ベクトル $\boldsymbol{v}$，ベクトル的に表した力 $\boldsymbol{F}$
　スクリプト体（筆記体，花文字）：特殊な定数や変数
　　　　　例：因子 $\mathscr{ABCDEFGHIJKLMNOPQRSTUVWXYZ}$

このルールは添え字にも適用される。たとえば，

　　　F_i と F_i

の違い（前者は添え字 i がローマン体，後者は添え字 i がイタリック体）は何だろうか。…たとえば，イオン（ion）にかかる力の場合は添え字はローマン体の i にするし，i 番目の力の場合は添え字はイタリック体の i にするのだ。

また，単位についても同様に考えると，どうなるだろうか。単位はたいて

いは単位を表す言葉の頭文字になっていることからわかるように，イタリック体ではなくローマン体で表記する．

単位

10の整数乗倍を表すSI接頭語（SI prefix）は，M（メガ）とm（ミリ）のようにまぎらわしいものや，n（ナノ）のように最近よく耳にするものの，ピンとこないものなどがある．大文字で書くか小文字で書くかもきちんと決まっていて，km（キロメートル）のk（キロ）は必ず小文字で書かなければならない．え，コンピュータの情報量のKB（キロバイト）は大文字じゃないかって？　本来，kは1000を表す接頭語だが，2進数のコンピュータ数学では1024バイトを1KBとするので，微妙に違うため大文字になったらしい．

さてさて，単位（unit）については，すでに詳しく述べたとおりだが，天文特有のものとしては，

天文単位AU，光年ly，パーセクpc，太陽質量$M_\odot$，太陽光度$L_\odot$，等級などがあっただろうか．

惑星記号

天文学で使われる，惑星や星座を表す記号を「天文符号（astronomical sign）」とか「天文記号（astronomical symbol）」という．惑星などの天体を表す記号，黄道十二宮などを表す記号，種々の惑星現象を表す記号などがある．

古くから知られていた星とは異なる特殊な天体である日月と5惑星には，ギリシャ神話の神々の名前の頭文字が変形した記号がつくられ，神話や占星術や錬金術などの進展とともに，さまざまな意味付けがなされてきた．一方，近代になって発見された天王星・海王星・冥王星には，名前を表す記号が与えられた．

たとえば，$M_\odot$で太陽質量を表す．最近では，黒丸（●）をブラックホールの記号として，$M_\bullet$でブラックホール質量を表すこともある．

☉ 太陽（英語 Sun/ラテン語 Sol/ギリシャ語 Helios）
漢字の"日"と同じく，太陽を象ったもの。

☽ 月（Moon/Luna/Selene）
三日月をかたどったもの。漢字の"月"は半月を表す象形文字。

☿ 水星（Mercury/Mercurius/Hermes）
ヘルメスのもつ2匹の蛇がからみ合った杖をかたどっている。

♀ 金星（Venus/Venus/Aphrodite）
ヴィーナスのもつ鏡。

♁ 地球（Earth/Tellus/Gaia）
円が地球そのもので，十字は赤道と子午線を表している。

♂ 火星（Mars/Mars/Ares）
軍神マルスのもつ盾と槍を表している。

♃ 木星（Jupiter/Jupiter/Zeus）
大神ゼウスの放った雷あるいは Zeus の略記。

♄ 土星（Saturn/Saturnus/Cronos）
農耕神サトゥルヌスの鎌に由来。

♅ 天王星（Uranus/Ouranos/Uranus）
天王星を発見したハーシェルの頭文字 H を図案化したもの。

♆ 海王星（Neptune/Neptune/Poseidon）
海神ポセイドンのもつ三叉の戟トライデント。

♇ 冥王星（Pluto/Pluton/Hades）
冥王プルートの綴りの一部，かつパーシバル・ローウェルの頭文字。

星座記号

　太陽の通り道である黄道に沿って，1周360°をおよそ30°の幅で分割したものが黄道十二宮で，その領域の星座が黄道十二星座である。黄道十二宮にはそれぞれ動物が割り振られたので，獣帯（zodiac）ともいう。黄道十二宮/獣帯には，それぞれの星座を表す記号が与えられている（47ページの章扉参照）。

　また，現在はうお座にある春分点は，黄道十二宮が成立したころには，おひつじ座にあったため，現在でも春分点を表すのに，おひつじ座の記号（右）を用いる。

　現在では星座も増えたので，ラテン語で表した星座の学名を3文字に短縮した略号（バイエル符号，Bayer symbol）で星座を表す。たとえば，黄道十二星座は，

　　　　おひつじ（Aries）Ari 　　おうし（Taurus）Tau
　　　　ふたご（Gemini）Gem 　　かに（Cancer）Cnc
　　　　しし（Leo）Leo 　　　　　おとめ（Virgo）Vir
　　　　てんびん（Libra）Lib 　　さそり（Scorpius）Sco
　　　　いて（Sagittarius）Sgr 　やぎ（Capricornus）Cap
　　　　みずがめ（Aquarius）Aqr 　うお（Pisces）Psc

などとなる（6章も参照。）

天体の名前

　天体の名前は，固有名，カタログ名，座標名など入り乱れて，業界人間でもよくわからないことが多い。

　たとえば，

　　　　M 87, NGC 4486, Vir A, 3C 274

これらは違う名前みたいだが，同じ天体の別名である（以下の文章参照）。

　一方，

　　　　Cyg A, Cyg X－1

は，ちょっと似ているが，まったく異なる天体だ（以下の文章参照）。

まず，明るい星の名前は，ラテン語で表した星座の学名を3文字に短縮した略号で表した星座名の前に，その星座の中で明るい順に，αβγと付ける。たとえば，α CMaはおおいぬ座（CMa）でもっとも明るい星，すなわち，固有名シリウスのことだ。もっとも，ギリシャ語のアルファベットは24文字しかないので，暗い星は番号を振ったり，赤道座標で表したりすることになる。たとえば，最初の系外惑星が発見された星の名前は，51 Peg（ペガスス座51番星）である。

　"M"に数字が付いた名前は，"メシエカタログ"の登録天体である。メシエカタログというのは，コメットハンターだったメシエが，星雲や銀河のように拡がった天体で彗星とまぎらわしいものをリストアップしたカタログで，比較的明るい星雲や星団や銀河が含まれている。たとえば，M 1は超新星残骸のかに星雲で，M 87はおとめ座にある巨大楕円銀河だ。

　"NGC"で始まる名前は，銀河のカタログである New General Catalogue の登録天体だ。たとえば，楕円銀河 M 87 は NGC では4486番目の登録天体ということになる。

　第二次世界大戦後に電波天文学が開幕したとき，電波望遠鏡の分解能が悪かったため，細かい位置が突き止められなかった。そこで，星座の中でもっとも明るい電波源から，星座名の後にABCを付けて表すことになった。たとえば，Vir A はおとめ座でもっとも明るい電波源だが，詳しい位置がわかると，実は巨大楕円銀河 M 87（NGC 4486）と同一天体だった。M 87の電波銀河としての名前が Vir A なのだ。また，Cyg A ははくちょう座でもっとも明るい電波源で，現在では，遠方の電波銀河だと判明している。

　同じく，1970年ころにX線天文学が開幕したとき，やはり初期のX線検出器の分解能が悪かったため，星座の中でもっとも明るいX線源から，星座名の後に，X-1，X-2などと付けて表した。たとえば，Cyg X-1 ははくちょう座でもっとも明るいX線源で，現在では，ブラックホールX線連星だとわかっている。

　ほかにも，たとえば，変光星の名前は，RR Lyr（こと座RR星）のように，星座名の前にローマ字のアルファベットを付けて表す（付け方は少し複雑）。

ただし，数が多くなってくると，V4641のように，星座名の前の符丁が変光星（variable）を意味するVと番号の組合せになる。

超新星（supernova）の場合は，SN1987Aのように，supernovaの頭文字＋観測された西暦＋順番を表すアルファベットの組合せだ。

パルサー（pulsar）はpulsarの略号PSRに赤道座標の値を付けて，PSRB 0531+21（かにパルサー）とか，PSR 1257+12（惑星系の発見された中性子星）などと表す。数値の0531+21などは，前半は赤経αが05時31分であることを意味し，後半は赤緯δが$21°$であることを表している。

ブラックホールと普通の星が連星になっている天体（マイクロクェーサーと総称する）には，Cyg X-1（はくちょう座X線源第1号），SS 433（SSカタログの433番登録天体），GS 2023+33（X線天文衛星ぎんがのX線源カタログで，赤経20時23分，赤緯$33°$の天体）など，なかなかややこしい。銀河系中心の巨大ブラックホールには，Sgr A*（電波源いて座Aスター）という固有名が付いている（スターは星のように小さな電波源という意味）。

銀河はたいていメシエ番号やNGC番号で表すが，最近は深宇宙の探査が進んで，SDF J132522.3+273520（すばるディープフィールド探査で見つかった銀河。たぶん，数字はやはり赤道座標で精度が高く桁数が多いのだと思う…）などという名前のものまである。

クェーサーなど遠くの活動銀河になると，3C273（ケンブリッジ第三電波源カタログの273番登録天体）とか，Q0957+561（赤経09時57分，赤緯$56.1°$にあるクェーサー）とか，いろいろあるが，これくらいにしておこう。

【章末問題：名前アラカルト】
全部の章から天体の名前を拾い集めて，その名前の由来を調べてみよ。

人類は，はるかな過去から星の世界に思いを馳せ，人類と宇宙の関係，そしてわれわれ自身の起源について，考えを巡らせてきた。しかし，客観的に検証できる，真に科学的な意味で，宇宙や天体の成り立ちやしくみを議論できるようになったのは，実証科学をはじめたガリレオ・ガリレイ以来，たかだか400年ほどに過ぎない。さらに，相対論や量子論など現代科学の手法で宇宙を扱えるようになったのは，ほんの100年前からだ。宇宙はまだまだ cosmo incognita（未踏の宇宙）なのである。

この Part II では，ぼくたちが現在までに，観測し，解析し，推理し，理解してきた宇宙について，解明されたことと未だ解明されていないことなど，太陽系から銀河系そして宇宙全体へと，順を追って紹介していこう。

Part II
宇宙を読む
——見えるもの 見えないもの

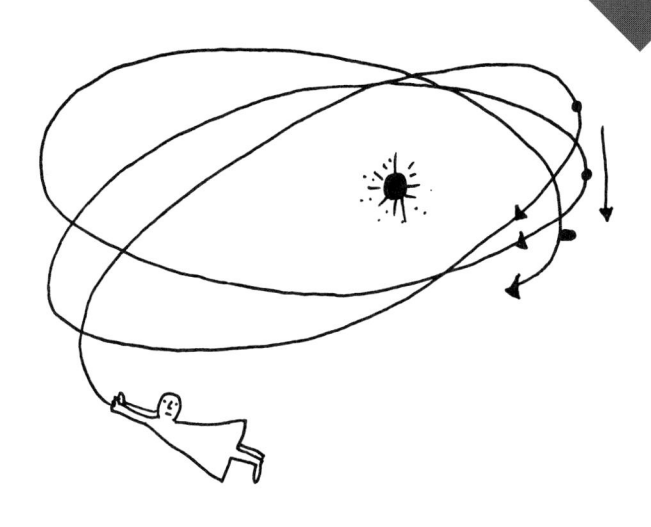

6章　宇宙観の変遷：星座と神話

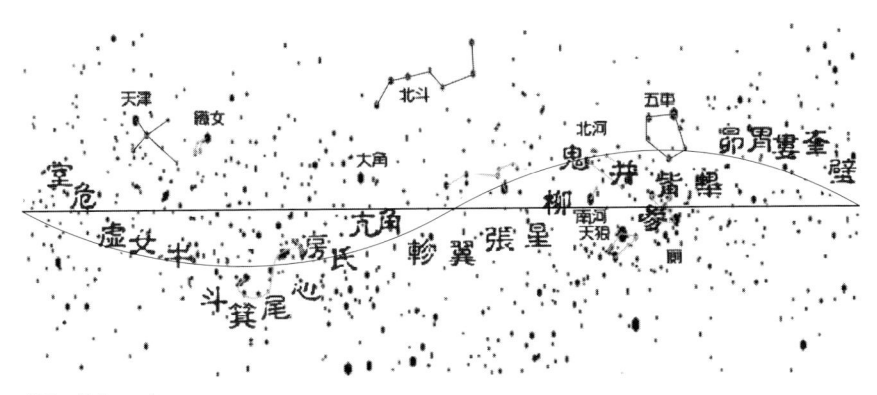

中国の星座 28 宿
横軸が赤経で縦軸が赤緯の星図上に，28 宿のおおよその位置を記してある．中央の水平線が天の赤道で曲線が黄道を示す．

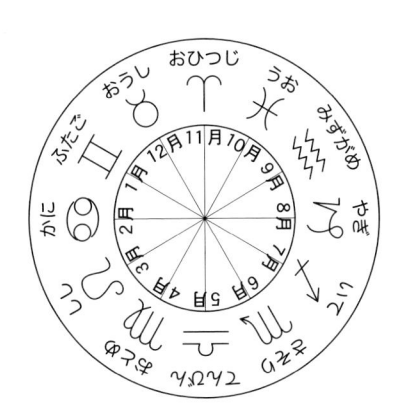

黄道十二星座と星座記号

　はるか昔から，人々は夜空を見上げ，人や動物が群れ集う天界を想像したり，宇宙の構造を考えてきた．まず最初に，古代から現代に至る宇宙観の変遷について紹介しよう．

星　座

　古来より人々は，星々の並びやパターンに意味を見出し，動物や神話の神々などに見立てて，いろいろな名前を付けた。このような明るい星のつくるパターン，および天球上の領域のことを，「星座（constellation）」とよんでいる（中国では「星宿」も使う。57ページの章扉参照）。

　ちなみに，「星座」あるいは「星宿」は中国でつくられて輸入された言葉だ。たとえば，「星座」は全130巻からなる書物『史記』に出てくる。その「天官書」で，星の配置を星座とよんで，中国の官僚制度と同じように細かく分類して官職を付けているのだ（それが"天官"，すなわち天の官僚）。

　　　　　「星座有尊卑若人之官曹列位故曰天官」

　中国の星座は300個くらいあったらしい。日本でも昔は，中国の星座・星宿が使われていたが，明治になってから西洋の星座が使われるようになった。「星座」という用語が定着したのは，大正期に入ってかららしい。

　英語のconstellationは，ラテン語で星を表すstellaに，con（"ともに"を表す接頭辞）とtion（名詞化する接尾辞）を付けたもの。

黄道12星座

　古代の天文学では，1年が12か月あることから，黄道（天球上での太陽の通り道）に沿って，一周360°をおよそ30°の幅で分割して，12の離宮——「黄道十二宮（zodiac）」があると考えられていた。その領域の星座を，「黄道十二星座」という。黄道十二星座は，決められた当時に「春分点（equinox）」があった"おひつじ座"を先頭に，59ページの表のような並びになっている（57ページの章扉参照）。

　メソポタミアの粘土板の記録からは，紀元前2000年ごろには，不完全ながらも黄道十二星座が生まれていたのがわかる。紀元前625年に，カルディア人が建国した新バビロニアでは占星術が体系化され，紀元前419年の楔形文字板には黄道十二宮の名前が現れている。

宮	黄道十二宮	黄道十二星座	十二星座の学名（省略形）
1	白羊宮	おひつじ座	Aries（Ari）
2	金牛宮	おうし座	Taurus（Tau）
3	双子宮	ふたご座	Gemini（Gem）
4	巨蟹宮	かに座	Cancer（Cnc）
5	獅子宮	しし座	Leo（Leo）
6	処女宮	おとめ座	Virgo（Vir）
7	天秤宮	てんびん座	Libra（Lib）
8	天蠍宮	さそり座	Scorpius（Sco）
9	人馬宮	いて座	Sgittarius（Sgr）
10	磨羯宮	やぎ座	Capricornus（Cap）
11	宝瓶宮	みずがめ座	Aquarius（Aqr）
12	双魚宮	うお座	Pisces（Psc）

　黄道十二宮が生まれた当時は，春分点がおひつじ座にあったので，おひつじ座（白羊宮）がトップだったが，地軸の歳差（26000年周期）で春分点が移動し，現在は春分点はうお座にある（また，てんびん座にあった秋分点はおとめ座に移動した）。したがって，現在では，黄道十二星座と黄道十二宮は一つ分ぐらいずれている。かつては，占星術と天文学は同じものだったが，現在では，まったく異なる体系となり，春分点の移動によって，実体的にも違ったものになった。

　しかし，古の名残は現代天文学でもそこかしこに散見される。たとえば，今でも春分点を表すのに，"おひつじ座"の記号（Yのような記号で曲がった2本の角を表す）を使う（p.52参照）。

全天88星座

　星座・星宿は国や民族や時代によってもいろいろと違っていた。しかし，星座の名前や境界が人や国によってまちまちでは，混乱を招くだろう。

　そこで，20世紀に入って，天文学者の国際的な組織である国際天文学連合 IAU（International Astronomical Union）では，初期の大事業の一つとして，星座に関する取り決めを行うことにした。

　まず，1922年の国際天文学連合 IAU の総会で，オランダのデルポルトを

委員長とする小委員会が設置された。そして，国際的に通用していないものなどを廃止し，星座の境界も直線にして，最終的に 88 個の星座に整理統合した。そして，1928 年に行われた国際天文学連合 IAU 第 3 回総会における委員会で承認された。これが現在の「全天 88 星座」である。

また，星座の名称について，日本では，とくに天文学界では，原則的に漢字は使わずに，ひらがな（カタカナ）を使う約束になっている。

　　　例：さそり座○　　　蠍座×

だからたとえば，"蠍(さそり)座" と先に漢字を書いて読みを振るよりは，"さそり（蠍）座" と書いた方が知ったかぶりができる。

一方，星座の学名は，学名の慣例によって，ラテン語で表す。

　　　例：おおいぬ座 → Canis Major（省略形 CMa）

さらに，星座の個々の星は，星を示すギリシャ文字（明るい星から，αβγ…）＋ラテン語の属格（英語の所有格）で表す。

　　　例：おおいぬ座アルファ星（シリウス）→

　　　　　　　　　　　　α Canis Majoris（省略形 α CMa）

また，星座名の略号は，ラテン語表記の属格を 3 文字程度に省略したもので表す。たとえば，みずへび座（Hydrus）の略号は Hyi で "i" を含むが，これはみずへび座の属格が Hydri なためだ。

なお，余談ながら，2006 年の 8 月にチェコのプラハで第 26 回 IAU 総会が開かれ，さまざまな議論の末，最終日の総会で "惑星" の定義が議決されたことは記憶に新しい。最先端の科学的知識にもとづいて "惑星とは何か" を再検討した結果，太陽系に関しては，水星・金星・地球・火星・木星・土星・天王星・海王星の八つを惑星として位置付け，冥王星は小さめの惑星── 準惑星 ── とすることが決まったのだ。この惑星の定義は，天文学が一般社会に与える影響という点では，星座に関する取り決め以来の一大事件だったといえよう。

古代の宇宙

いろいろな地域や民族で宇宙創世の神話が残っているが，共通の部分があったり，地域性を反映していたり，比較してみると面白いものがある。

バビロニア神話（Babylonian mythology）

バビロニア（メソポタミア文明）やそれを後継して新バビロニアを建国したカルディアの宇宙創世神話では，混沌の中から現れた神々の闘争の中で，創造神マルドゥクが勝ち名乗りをあげ，天と地を分かち人間をつくったとされる。

彼らの考えでは，自分たちの住んでいる中央大陸を大洋が取り囲み，中央大陸の中心からはユーフラテス河が流れ出しているとした。そして，大洋の外周の地の果てには，アララット山が全体を取り巻いていて，そして，はるかにそびえ立つアララット山が半球形の天を支えているのだ。また，太陽は東側のアララット山の出口から出て天をぐるりとめぐり，西の山の入り口に沈むのである。メソポタミア文明の生まれた土地柄を反映した宇宙観だといえよう。

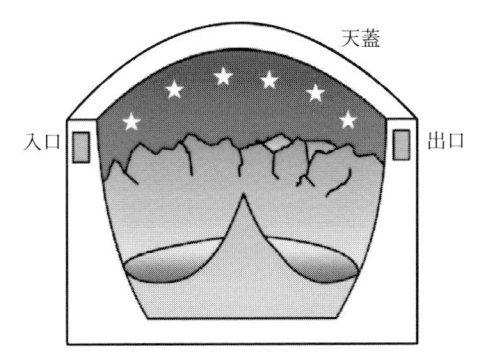

図 6.1 バビロニア神話の宇宙．

エジプト神話（Egyptian mythology）

古代エジプトの神話では，ヌンなる原初の水だけがあった世界に，原初の神アトゥム（後に，太陽神ラーと同一視される）が誕生し，その原初の神から大気の男神シューと，妹であり妻である湿気の女神テフヌトが生まれ，さらに，この二人から，天空の女神ヌートと大地の神ゲブが生まれたとされる。

大気の神シューが腕を上に伸ばして，天空と大地を引き離し，その結果，ヌートが大地から引き離されて空をおおって蒼穹(そうきゅう)が生じたと考えられていた。

　そして，天空の女神が毎朝太陽を吐き出しては，毎夕，太陽を飲み込むのだ。大地の神ゲブと天空の女神ヌートの子どもに，冥界の神オシリス，その妹で妻であるイシス，兄のオシリスを謀殺した悪神セト，ネフティスがいる。以上の9体の神がエジプトを支配した。なお，オシリスとイシスの子が天空神ホルスである。

図 6.2　エジプト神話の宇宙.

インド神話 (Indian mythology)

　古代インドの宇宙観はよく知られているだろう。大地は4頭の象の背中に乗っており，象は大亀の甲羅の上に乗っていて，さらに，亀はトグロを巻いた大蛇の上に乗っているのだと考えられていた。

　大地の中心には須弥山（ヒマラヤ）がそびえ立っていて，その南にインドがあり，太陽は昼間は須弥山の南を回ってインドを照らし，夜には須弥山の背後に隠れる。一方，月は，チャンドラセカールという夜の番人がもつカンテラで，地球の方にカンテラを向ければ満月となり，別の方に向ければ三日月になるのだ。

図 6.3　インド神話の宇宙.

中国神話 (Chinese mythology)

　古代中国における宇宙観では，はじめに混沌ありきだ。混沌は卵のような形をしていたが，その中から盤古という巨人が生まれ，18000年後に，澄ん

だモノ（陽の気）と濁ったモノ（陰の気）が上下に分かれて天と地ができた．また，巨人盤古が成長するにしたがい，天を高く地を深く押し広げて世界が広がったのだ．やがて巨人盤古が死ぬと，巨人の死体から万物が化生したとされる．巨人盤古によって天と地はつくられたが，人類をつくったのは女神の女媧だ．女媧は黄土をこねてヒトカタをつくり，それに命を吹き込んだ．

図6.4 中国神話の宇宙．

また，中国で興った陰陽五行説（Yin and Yang）においては，宇宙の根源は「気」だとされる．その気がまず〈陰陽天地〉に分かれ，さらに天からは〈日月星辰〉が，地からは〈木火土金水〉の「五気」が生まれたのだ．この五気が地上世界を形づくる五元素であって，その組合せによって強め合ったり弱め合ったりし，五気の作用循環（行）によって，万物が栄枯盛衰していくのだと考えられた．青春・朱夏・白秋・玄冬などの四季や，東の青龍・南の朱雀・西の白虎・北の玄武の四神などは，この陰陽五行説に由来する．

ギリシャ神話（Greek mythology）**・ローマ神話**（Roman mythology）

ギリシャの神話では，最初に誕生したのは混沌の淵カオスだ．そのような曖昧模糊とした宇宙の中で，ガイア（大地）とタルタロス（地底の暗黒）が生まれたとされる．そして時を経て，ガイアは自分自身だけで，空をおおうウラノス（天）と大地を取り巻くポントス（海洋）を生み出した．

最初の支配種族は巨人族ティターンだ．すなわち，ガイアとウラノスからは，6人の男神ティターン（オケアノス，コイオス，クレイオス，ヒュペリオン，イアペトス，クロノス）と，6人の女神ティタニス（テイア，レア，テミス，ムネモシュネ，ポイベ，テテュス）らが生まれ，巨人族ティターンと総称した．

第一代の王ウラノスは，王としてふさわしくない振る舞いをしたため打ち倒され，クロノスが第二代の王として君臨した．このクロノスとレアから生まれたのが，女神（ヘスティア，デメテル，ヘラ）や男神（ハデス，ポセイ

ドン，ゼウス）ら有名なオリンポスの神々だ。

　ティターン神族とオリンポス神族の激しい戦いの後，オリンポス神族が勝利を収めた。古い神々はタルタロスに幽閉され，ゼウスが天を，ポセイドンが海を，ハデスが冥界を支配することになった。

　ギリシャ人の宇宙観では，世界は平らで，中央にはギリシャがあり，また，神々の居所であるオリンポス山がそびえている。平らな世界を西から東に分断する海が地中海だった。

　ローマ神話はギリシャ神話の影響を強く受けていて，ギリシャ神話のゼウスはローマ神話ではジュピターと名前が変わっただけだが，ローマ神話固有の神々もいる。たとえば，農耕の神サトゥルヌスは古代イタリアの神だ。サトゥルヌスは土星の語源になっている。また，二面神ヤヌス（Janus）は天上の門衛で，年を開くことから，1月はJanuaryと名付けられた。

日本神話（Japanese mythology）

　この世の最初では天と地はまだ分かれておらず男と女も分離されていず，すべてが混ざり合ったドロドロでわけのわからない状態だった。そのうち，澄んだモノが上方に昇って大空となり，濁ったものは下方によどんで大地となった。そして，天地の間の高天原（たかまがはら）で天御中主神（あめのみなかぬしのかみ）が生まれた。一方，生まれたばかりで漂っている大地の泥からは，輝く葦が伸びてきて，その葦から，男女の神，イザナギの尊（みこと）とイザナミの尊が生まれた。

　イザナギとイザナミは天御中主神から授かった天沼矛（あまのぬまほこ）で，天の浮橋からドロドロの海をかき回し，引き上げた矛先から海水がしたたり落ちて固まったものが，最初の島であるオノコロ島である。そして，二人は次々と島をつくり，

図6.5　イザナギとイザナミ（坂元 誠 絵）.

最後の本州をつくって，大八州国すなわち日本とした。ここまでが，いわゆる国生み段階だ。

さて，次々と神々を生んでいったイザナミだが，火の神カグツチを生んだときに死んでしまう。イザナミに会いたくて我慢のできなくなったイザナギは，死者に会うために黄泉の国へと赴くのだ。振り返らないという約束を破ったイザナギが見たのは，変わり果てたイザナミの姿である。驚いて逃げ帰るイザナギを，黄泉の国の鬼女やイザナミ自身が追いかけるが，イザナギはほうほうの体で逃げきることができた。

黄泉の国の穢れを拭うために，イザナギが川に入って禊ぎを行うと，身体のあちこちから新しい神々が生まれた。そして，最後に誕生した3柱の神が，天照大神，月読尊，素戔嗚尊である。そして，アマテラスは天を，ツクヨミは夜を，スサノオは海を治めることになった。

天動説と地動説

天界の見かけの運動は，地球の動きによるものではなく，天界の運動によるものだとする考え方が「天動説（geocentric model）」である。一方，天体の見かけの運動は，天界自体も動いているかもしれないが，まずは，地球の自転と公転によるものだとする考え方が「地動説（heliocentric model）」である。

ま，天動説と地動説の言葉自体はいまさら説明の必要もないだろうが，英語の対応語は興味深い。すなわち，天動説は英語では geocentric model（地球中心説）となり，地動説は heliocentric model（太陽中心説）となる。これは主体の位置をどこに置くかという問題であり，東洋的なものの見方と西洋的なものの見方の違いなのだろうか。

なお，この"地動説"という言葉をだれがつくったかは確定していないが，長崎のオランダ通詞（通訳）の志筑忠雄らしい。

6章　宇宙観の変遷：星座と神話　　65

天動説

　16 世紀に公表されたコペルニクスの地動説が広く受け入れられるようになる以前，東洋においても西洋においても，大地が宇宙の中心であるという天動説が支配していた。古代バビロニアの宇宙観にせよ，インドの仏教的宇宙観にせよ，広義には天動説の一種である。

　古代ギリシャでは，宇宙を幾層もの天球と考えて，その天球上に天体を配置し，天体（天球）が地球のまわりを等速運動するという同心天球説が唱えられた。しかし，単純な同心天球説では，太陽・月・5 惑星などの運動の不規則性を説明できないため，円周上の 1 点を中心に，小円 ——「周転円（epicycle）」—— を設け，日・月・惑星がこの小円のまわりを回転するとした（図 6.6）。これを周転円説とよんでいる。

　紀元 2 世紀ころ，プトレマイオス（Clausius Ptolemaeus，90?〜170）が，それまでの理論をまとめあげて，大作『アルマゲスト』を著し，その中で天動説の体系を完成した。そしてその後は，カトリック教会の権威のもとで，10 世紀以上もの間，天動説が支配的ドグマとなっていたのである。

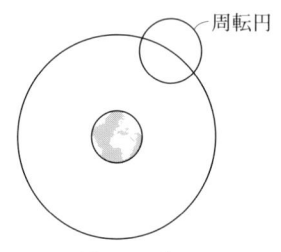

図 6.6　周転円.

地動説

　あの"コペルニクス的転回"で知られるポーランドの天文学者コペルニクス（Nicolaus Copernicus，1473〜1543）が現れたのは，15 世紀の終わりである。彼は天動説を疑って，地球も他の惑星とともに太陽のまわりを回っているという地動説を唱えた。そして，天動説よりも地動説の方が，惑星の運動をより単純に説明できることを示した。彼は地動説の初期のアイデアを，1514 年に短い手稿の形で回覧したが，公にすることはせず，何十年もの間，暖めて発展させた。さらに 1530 年には，自分の考えを完全な形でまとめ上げた大作『天球の回転について』を完成させたが，教会の弾圧を恐れて発表はせず，1543 年にようやく出版した。コペルニクスは死の床で印刷された

本を見たという。

　一つだけコメントしておくが，天動説でも，地動説よりはやや複雑であるとはいえ，惑星の動きはちゃんと説明できる。だから，コペルニクスが地動説を唱えた当時は，天動説と地動説のどちらが正しいかは証明する術はなく，主義主張の違いにすぎなかったといえる。

　実はこのコペルニクスの大作，あまりに難解だったため，出版後もしばらくは教会に無視されたらしい。コペルニクスの心配は杞憂だったわけだ。教会が禁じたのは 1616 年になってからで，そのまま 1835 年になるまで禁書リストに載せられていた。

図 6.7　コペルニクス．

　さらに，ドイツのヨハネス・ケプラー（Johannes Kepler，1571 〜 1630）の番だ。1600 年，チェコのプラハで生涯に得た膨大な観測データを整理していた天文学者チコ・ブラーエ（Tycho Brahe，1546 〜 1601）のもとに，当時まだ 20 代だった気鋭の天文学者ケプラーが弟子入りした。1601 年にブラーエが死ぬと，ケプラーのもとには 20 年に及ぶ精密な肉眼観測のデータが残された。ケプラー自身は惑星の軌道が真円であることを証明したかったらしいのだが，ブラーエが詳細に観測した火星のデータを精密に検討した結果，1609 年，火星の軌道が楕円であることを証明してしまった。これはコペルニクスの地動説を支持

図 6.8　ヨハネス・ケプラー．

するとともに，より発展させたものとなった（コペルニクスの考えでは，軌道は真円）。さらに，ケプラーは惑星の運動に関する有名な三法則を発見していくこととなる（1609 年から 1619 年ぐらい）。

6 章　宇宙観の変遷：星座と神話　｜　67

だめ押しは，イタリアのガリレイ（Galileo Galilei, 1564 ～ 1642）である．オランダの眼鏡職人ヨハネス・リッペルスハイが望遠鏡をつくったという噂を聞いて，ガリレオが自分でも望遠鏡を製作したのは 1609 年のことである．望遠鏡の観測で月のクレーターや木星の衛星などを発見し，それをもとに『星界の報告』を著して（1610 年），コペルニクスの地動説が正しいことを確認した．その結果，ローマ法王庁の検邪聖省に異端者として訴えられたが，このときは訓告で済んでいる．しかし，その後も懲りずに活動を続け，地動説を主張する『天文対話』を出版し（1632 年），ただちに発禁処分となり，ガリレオ自身も謹慎処分とされた．ローマ法王庁が自らの非を認めたのは，350 年後の 1983 年になってからである．

図 6.9 チコ・ブラーエ．

図 6.10 ガリレイ．

ニュートンの宇宙

アイザック・ニュートン（Isaac Newton, ユリウス暦 1642 ～ 1727, グレゴリオ暦 1643 ～ 1727）は，ロンドンに近い片田舎，リンカンシャーのウールソープに生まれた．名門ケンブリッジ大学のトリニティ・カレッジに進んだニュートンは，1661 年から 1665 年にかけて猛勉強し，そして 1665 年，ペストの大流行で大学が閉鎖されたため，故郷ウールソープに戻った．

この1665年から1666年にかけて，ニュートンが22歳から23歳であった故郷での2年間は，今日，"奇跡の年"とよばれている。というのも，微積分，光学理論，運動の法則，万有引力の法則など，ニュートンの数々の大発見の骨格はすべてこの時期にできたものだからだ。その後，1669年，ニュートンは26歳という若さで，ケンブリッジ大学のルカス教授職に就き，栄光の階段を上っていく。

図6.11　ニュートン．

　ニュートンの確立した宇宙像は，大きく二つに分けられるだろう。

　地上界における物体の運動はガリレオが実験を行って詳しく調べ，たとえば，落体の法則として知られていた。一方，天上界における天体の運動はケプラーが観測的な方法で解析し，ケプラーの法則としてまとめられていた。これらを組合せたのがニュートンである。いや，単に組合せただけじゃなく，組合せ，融合し，昇華して，地上界と天上界を支配する共通のルール，万有引力の法則を導いたのだ。同じ情報をもっていても，誰もが万有引力の法則へたどり着くわけではない。道筋がなかったときに，ガリレオの落体の法則やケプラーの法則にもとづき，さらにその根底に存在する大法則 —— 万有引力の法則を発見したニュートンは，間違いなく物理学の巨人だった。万有引力の法則の発見は，1665年とされている。

　ただし，万有引力の法則について再度まとめなおし，有名な『プリンキピア：自然科学の数学的原理』として出版したのは，1687年になってからで，遅かったために先取権（プライオリティ）争いに巻き込まれることになるが，それはまた別の話である。

　ニュートンの確立した近代的宇宙観で，もう一つ重要なのが"絶対空間"と"絶対時間"の考えである。

　出来事・ものごとが生起し変化していくときに，その出来事・ものごとが

存在する領域，いわば出来事・ものごとの"入れ物"が空間であり，出来事・ものごとが変化していく経緯，いわば変化の"経過方向"が時間だ。たとえば，木からリンゴが落ちたり，地球のまわりを月が回るとき，リンゴや月は空間という"入れ物"の中を動いているのだし，時間の"経過"にしたがって，その位置を変えている。

ニュートンはこれらさまざまの，あらゆる事象（出来事・ものごと）が起こる共通の舞台を「絶対空間」とよび，あらゆる事象に共通の経緯を「絶対時間」とよんだ。

永久不変の絶対空間と一様に流れる絶対時間という考えは，わかりやすいものだし，日常的な感覚にも一致している。しかし，20世紀初頭にアインシュタインが打ち立てた相対論によって，空間や時間はそんなに確固としたものではなく，観測者によって変化する相対的なものであることがわかった。日常的なスケールでは，近似的に共通の空間と共通の時間を共有できるだけなのだ。

アインシュタインの宇宙

アルバート・アインシュタイン（Albert Einstein, 1879～1955）は，南ドイツのウルムという小都市に生まれた。大学受験で一度は失敗しながらも，スイスの名門，チューリッヒ工科大学を卒業したが，希望していた大学での職は得られなかった。幸い，友人の計らいでベルン特許局の役人となって，糊口をしのぎつつ，在野の研究者をやっていた1905年。アインシュタイン，御年，26歳。この1905年も，科学史上"奇跡の年"とよばれている。

というのも，この年，アインシュタインは，特殊相対論，光量子仮説，ブラウン運動の理

図6.12　アインシュタイン．

論という，どれ一つをとっても現代物理学の根幹にかかわる理論を三つも発表したのだ．その後のアインシュタインには，一般相対論の構築やノーベル賞の受賞など学問上での栄誉，ユダヤ人であることの迫害と苦悩，原爆と世界平和に関する悔悟や覚悟，そして家庭人としての悩みと幸せなどなど，波瀾万丈の生涯が待っているのだが，天才といえども人間的とはこういうことだろうか．

アインシュタインの宇宙像は，以下のようなものだ．

アインシュタインは特殊相対論で，絶対空間とか絶対時間を放棄し，代わりに，光速度という基準を設定した．ニュートンの世界でもアインシュタインの世界でも，時間や空間の中を光が進むことには変わりないので，光速度を絶対的な速度にすることは，入れ物である時間や空間が変わり得るということになる．これは，時間や空間に対する新しい意味付けにほかならない．

日常的な世界では，ニュートン的な考え方で困ることはないのだが，光速に近い速さ——亜光速で運動しているような状況だと，ニュートン的に考えるか，アインシュタイン的に考えるかでは，状況は大きく異なってくる．そして，現実世界はアインシュタインに軍配をあげたのだ．

特殊相対性理論で時間と空間を統一したアインシュタインだったが，まだ重力という難題が残っていた．特殊相対性理論が完成した後，10年かけて重力の問題に取り組み，時空の幾何学という形で重力場を統一した．今日，一般相対性理論とよばれている重力理論の誕生である（1916年）．

特殊相対性理論では時間と空間は時空として統一された．時空の中に存在する物質とエネルギーも，相互に変換し得ることがわかった．これらは大いなる統一だったが，一般相対性理論では，さらに大いなる統一がなされたのだ．ニュートン以来，時間や空間と物質やエネルギーとはまったく別のものだった．すでに存在している時間や空間の中に，物質やエネルギーが存在して，物質同士の間には万有引力が働くと信じられていた．しかし，一般相対性理論では，統一された時空の織物に，万有引力の法則をも取り込まれたのだ．一般相対論は，曲がった時空の幾何学であり，一般相対論で，ついに時空と物質が統一されたのである．時空という織物は，物質・エネルギーの入

れ物であると同時に，物質・エネルギーの存在によって，時空という織物もひずみ変化するのである。

　宇宙というものは，古来より，哲学的思索の対象ではあったが，なかなか科学の対象にはなり得なかった。宇宙はたった一つしかないので実験を行うことができないし，宇宙に関する観測も貧弱だったことに加え，宇宙そのものを扱う科学理論が存在しなかったためだ。そのような状況を一変させたのが，一般相対性理論の誕生である。一般相対論は，宇宙を，思索の対象から科学の対象に変えたのだ。時空と物質・エネルギーを融合させた一般相対性理論によって，初めて宇宙を総体として扱うことが可能になったのである。そしてその結果，ぼくたちの宇宙観は根底からくつがえることとなった。宇宙は静かでも不変でもなく，ダイナミックに膨張していたのである。

【章末問題：宇宙観の変遷】
人類の獲得してきた宇宙観の変遷は，その折々で，人類社会に対してどのような影響を与えてきたのだろうか。あるいは，現在，どのような影響を与えるのだろうか。さらに将来，いかなる影響を与え得るのだろうか。

7章　現代の宇宙像：天体の階層構造

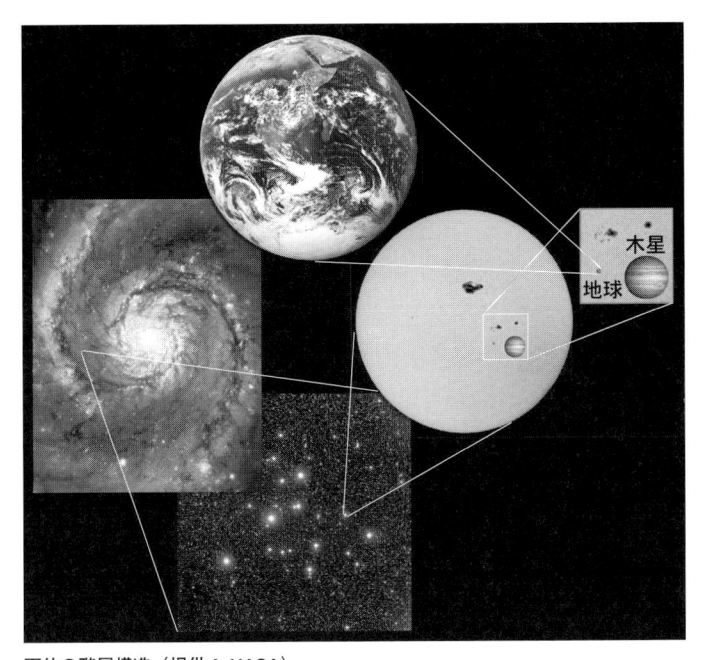

天体の階層構造（提供：NASA）
　（上）地球，（右）太陽，（下）M 39（はくちょう座の散開星団），（左）M 51（りょうけん座の銀河）。

　古代はいうに及ばず，ほんの100年前と比べてさえ，21世紀の現代，ぼくたちが抱いている宇宙像は，はるかに豊かで多様な世界になった。太陽や諸惑星など太陽系内の天体から，近隣の星々や星雲・星団，われわれの銀河系近傍の銀河や銀河団，宇宙の彼方の銀河やクェーサー，そして宇宙自身に至るまで，さまざまなスケールでさまざまな天体が存在し，それらがゆるやかな階層構造をなしている。多種多様な天体現象の詳細に進む前に，宇宙に存在する天体の種類と階層構造および宇宙のおおまかな歴史について，概観しておこう。

天界のながめ

　地球から天界をながめたとき，奥行き方向の情報は圧縮され，無限の彼方にある球面——「天球（celestial sphere）」——に天体が貼り付いたように見える。球状の地球の表面を平面上に変形して引き延ばして地図にするように，球状の天球を裏側から見たながめを平面上に引き延ばして"宇宙全体地図"を作成してみよう。さまざまな波長で"宇宙全体地図"をつくったとき，それらの地図からどんなことが読み取れるだろうか（図 7.1 〜図 7.5）。

　図 7.1 は可視光で見た天界のながめだ。天球の裏側を楕円形に引き延ばしてある。楕円の中央部を左右に走る光の帯が，われわれの銀河系——天の川の姿だ。楕円の真ん中が天の川銀河の中心方向（いて座方向）で，楕円の左端と右端は同じ場所で，天の川銀河の中心とは反対方向（ぎょしゃ座方向）になる。楕円の上端は銀河面の北方向で，下端は南方向である。この可視光景色ですぐ目立つのは，もちろん天の川銀河を表す太い光の帯——無数の星々——だが，その帯は中心方向が一番厚くなっており，さらに光の帯には黒い筋——星光をさえぎる塵の領域——がたくさん見られる。また，右下 4 分の 1 の領域の真ん中あたりにある二つの光る雲は，天の川銀河のそば

図 7.1　可視光で見た天界（http://www.jb.man.ac.uk/public/viewsky.html）.

に控える二つの小さな銀河 —— 大小マゼラン銀河の姿である．カラー画像で見ると，赤っぽい光で輝く星雲もここかしこに見られる．

ところが同じ天界でも，可視光と違う波長，たとえば，電波で見るとがらっと変わった様相を示す（図7.2）．天の川の帯は電波でも明るいが，可視光で大手を振っていた星々の姿はもはやない．普通の星々は電波をあまり出さないためだ．電波で見えているのは，星間空間に拡がる冷たいガスや熱いガスなのだ．

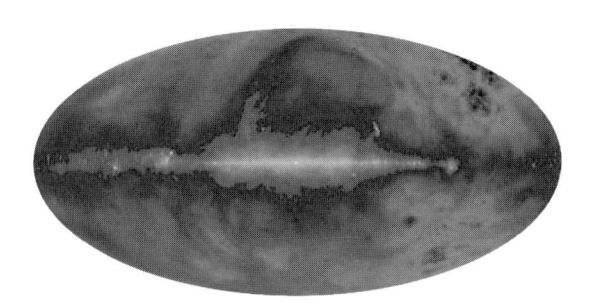

図 7.2 電波で見た天界（http://www.jb.man.ac.uk/distance/exploringfacts.html）．

赤外線で見た天界の姿が，2MASS（Two Micron All Sky Survey）探査で得られた図 7.3 だ．赤外線でも天の川銀河が明るいことがわかる．また，右下の大小マゼラン銀河もよくわかる．それ以外はなめらかなように見えるが，

図 7.3 赤外線で見た天界（http://pegasus.phase.umass.edu/2masscenterorig.html）．

7章 現代の宇宙像：天体の階層構造

このなめらかな明るさ分布は，実は，4億7千万個もの赤外線点源からなっているのだ。これらの赤外線点源の大部分は銀河系内の星である。

波長の短いX線になると，天界のながめは再び大きく変貌する。たとえば，図7.4は1990年に打ち上げられたレントゲンX線衛星ROSAT（ROentgen SATellite）が撮像した全天の線画像である。普通の星もガスもほとんどX線は出さないので，可視光や電波で顕著だった天の川銀河系の帯はX線では目立たない。しかし，天の川銀河の方向，図の中央部を左右に走って，X線で明るい多数の点源が並んでいることがわかる。これらは天の川銀河に存在するX線星で，大部分が高温の白色矮星，中性子星そしてブラックホールなどを含む連星系だろう。一方，天の川以外の方向にもいくつか線源が見られるが，それらは遠くの活動的な銀河だろうか。

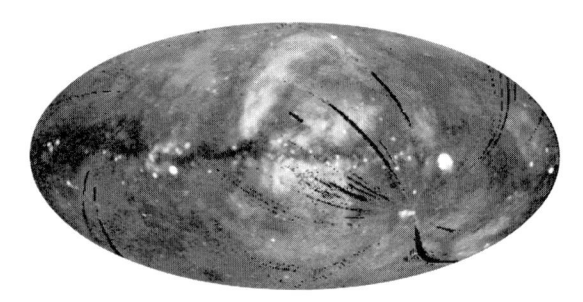

図7.4　X線で見た天界（http://www.phy.mtu.edu/apod/ap961008.html）．

最後に，X線よりエネルギーの高いガンマ線で見た天界が，1991年に，スペースシャトルアトランティスで軌道投入されたコンプトンガンマ線天文台CGRO（ComptonGamma‐Ray Observatory）で撮像された図7.5だ。図7.5は1.8 MeVのエネルギーのガンマ線で見た姿だ。天の川銀河の方向から，結構な量のガンマ線が到来していることがわかるが，その起源は何なんだろうか？

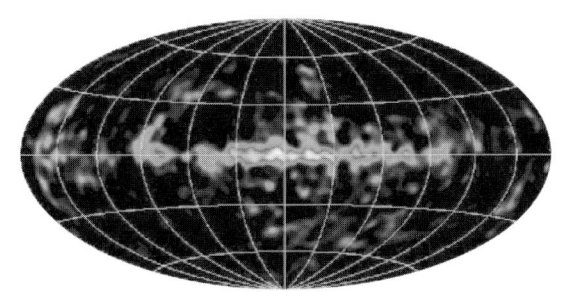

図 7.5　ガンマ線で見た天界（http://wwwgro.unh.edu/comptel/comptel_highlights.html）．

ここはどこ

　いろいろな波長の"光"で一わたり天界をながめたところで，その天界に存在するモノ——「天体（object）」——について，小さなスケールから大きなスケールへと階層構造を登りながら，ラフスケッチをしていこう（78ページの表7.1）．

　すでに述べたように，ミクロな原子のスケールからマクロな宇宙全体のスケールに至るまで，空間スケールは 10^{40} もの"桁"にわたっている．それを原子から宇宙全体まで，100倍ずつ拡大しながら並べたものが79ページの図7.6である．

　図7.6のスケールの中で，すなわち宇宙の階層構造の中で，ぼくたちの立ち位置はいったいどこにあるのだろうか．〈ここはどこ〉なのだろうか．

表7.1 宇宙の階層構造

サイズ	典型的な物体・天体
10^{-10} m (1 Å)	原子のサイズ：水素原子のボーア半径（5×10^{-11} m）や水分子の原子間距離（～1 Å）がこのサイズ
10^{-8} m (10 nm)	ウィルスサイズ：ウィルス，有機分子，C60，ナノマシン
10^{-6} m (1 μm)	ミトコンドリアサイズ：赤血球（～7.5 μm），ミトコンドリア（1 μm）など
10^{-4} m (0.1 mm)	ゾウリムシサイズ：ゾウリムシ（～3×10^{-4} m）
10^{-2} m (1 cm)	センチサイズ：岩石，鉱物，雪の結晶
1 m	ヒトサイズ：ここでやっと人の大きさ
10^{2} m	建物サイズ：野辺山電波望遠鏡の口径は45 m ある
10^{4} m	山サイズ：富士山（＝3776 m），日本海溝，中性子星
10^{6} m	地球サイズ：地球（＝6378 km），白色矮星
10^{8} m	星サイズ：太陽（＝約70万 km）
10^{10} m	天文単位スケール：太陽と地球の距離（＝1天文単位＝15×10^{10} m）
10^{12} m	太陽系サイズ：冥王星の軌道半径（～40天文単位～6×10^{12} m）
10^{14} m	太陽系辺境サイズ：オールト雲，カイパーベルト
10^{16} m（～1光年）	光年スケール：典型的な星間距離（～1光年＝9.46×10^{15} m）
10^{18} m（100光年）	星団サイズ：巨大分子雲，星団（数光年～10光年）
10^{20} m（1万光年）	銀河サイズ：天の川銀河系（～10万光年）
10^{22} m（100万光年）	銀河団サイズ：銀河団，宇宙ジェット
10^{24} m（1億光年）	大規模構造サイズ
10^{26} m（100億光年）	宇宙サイズ：宇宙全体

図 7.6 宇宙の階層構造．宇宙には，右下のミクロな原子のスケールから，左上の宇宙全体に至るまでさまざまなスケールの物体・天体が存在している．海野和三郎他（編），『地学の世界 [IA]』（東京書籍，1997）．

表 7.2　宇宙の歴史

時間	サイズ比	大きさ	温度	主な出来事
0	0	0	∞	無からの宇宙（時空）の誕生
				インフレーションの開始
				【第 0 の相転移】
プランク時間 = $(Gh/c^5)^{1/2}$				時空の量子的ゆらぎの終わり
10^{-44} 秒	10^{-33}	10^{-3} cm	10^{32} K	重力が誕生する
				【重力と強い力の分離：第 1 の相転移】
10^{-36} 秒	10^{-30}	1 cm	10^{28} K	強い力が誕生しバリオン数が発生する
				【強い力と弱い力の分離：第 2 の相転移】
10^{-11} 秒	10^{-15}	100 AU	10^{15} K	電子が誕生する
				【弱い力と電磁力の分離：第 3 の相転移】
10^{-6} 秒			10 兆 K	陽子・反陽子の対消滅が起こる
10^{-4} 秒			1 兆 K	中間子が対消滅し，クォークがハドロンになる
				【クォークがハドロンに：第 4 の相転移】
10 秒	10^{-10}		30 億 K	電子・陽電子が対消滅して光になる
100 秒	10^{-8}	10^3 光年	10 億 K	元素合成の始まり（He, D, Li など合成）
1 万年	10^{-4}			輻射の時代の終わり&物質の時代の始まり
38 万年	10^{-3}	1 億光年	3000 K	陽子と電子が結合し水素原子ができる
				【宇宙の晴れ上がり】
2 億年				最初の天体の形成と宇宙の再電離
10 億年	0.25			クェーサー形成
30 億年				銀河ができる
90 億年	0.75	（約 46 億年前）		太陽と地球の誕生
100 億年ころ		（約 38 億年前）		生命が発生する
		（約 100 万年前）		人類の誕生
138 億年	1	138 億光年	2.7 K	現在
		（約 20 年後）		核融合が実用化する
		（約 30 年後）		月面基地の建設
		（約 50 年後）		スペースコロニー
		（約 100 年後）		軌道エレベータ
		（数百年後）		ダイソン球の建設
		（数千年後）		ブラックホール発電
190 億年ころ		（約 50 億年後）		太陽の赤色巨星化
1 兆年ころ				銀河の老齢化
100 兆年ころ				星が燃え尽きる
10^{32} 年ころ				陽子の崩壊
10^{100} 年ころ				ブラックホールの蒸発

図 7.7 宇宙の時間スケール．海野和三郎他（編），『地学の世界 [IA]』（東京書籍，1997）．

わたしはだれ

こんどは時間の軸に沿って，宇宙の誕生から現在そして未来までを，おおまかにたどってみよう（表 7.2）．

こちらもすでに述べたように，時間スケールは，小さい方から大きい方まで，実に，10^{61} もの"桁"にわたっている．それをなんとなく（笑）描いたのが，図 7.7 である．

図 7.7 の中で，すなわち宇宙の歴史の中で，ぼくたちの起源はどこにあるのだろうか．〈わたしはだれ〉なのだろうか．

【章末問題：宇宙カレンダー】
宇宙カレンダーを作成せよ．すなわち，宇宙の全歴史を 1 年のスケールに縮めてみて，いろいろな出来事が 1 年の間の何月何日に起こったかをスケールダウンして当てはめてみよ．

8章　母なる星：太陽

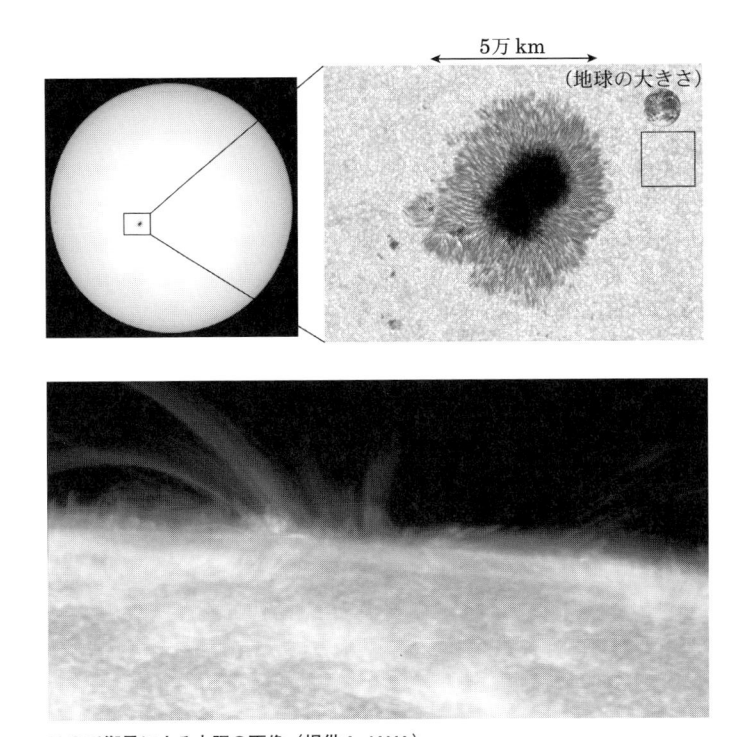

5万km
（地球の大きさ）

ひので衛星による太陽の画像（提供：JAXA）

　地球にもっとも近い恒星，太陽。太陽は母なる星として古代より信仰の対象で，ギリシャでは太陽神 Helios，ローマでは Sol/Apollo とされた。お日さまの"日"は，太陽を表す象形文字である。太陽を表す天文記号⊙（マルに点）も太陽をかたどったものだ。現代の知識では，太陽はほとんど水素でできた巨大なガス球だ。ただし，中心部で水素がヘリウムに変換する核融合反応が起こっていて，その膨大なエネルギーによって光り輝いている。中心温度は約 1000 万 K という高温なのに対し，表面温度，いわば太陽の体温は"たったの" 6000 K にすぎない。しかし，その巨大さゆえに，地球には大量の太陽エネルギーが降り注いで，46 億年にもわたって，地表のさまざまな物理・化学活動を引き起こし，生命を育んできたのだ。

太陽の素顔

太陽を身体測定したら，表 8.1 のようになるだろう。

半径は約 70 万 km で地球の 110 倍もあり，質量にいたっては，1 兆 × 1 兆 × 2 億 kg というとてつもない重さだ。だから，天文では，太陽の質量を"太陽質量"という単位にまでして，星々の重さを測っているくらいだ。ただ，質量は大きいがサイズも巨大なために，平均の密度は思いのほか小さく，水よりちょっとだけ大きい 1.4 g/cm^3 で，人と変わらない。さらに，人と同じ質量で比べてみたら，エネルギー発生量は，驚くべきことに，太陽よりも人の方が大きい（！）のだ。太陽エネルギーが膨大なのは，あくまでも，その巨大さゆえである。

表 8.1　太陽のデータ

物理量	値
半径	6.96×10^8 m
質量	1.99×10^{30} kg
平均密度	1.4 g/cm^3
自転周期	25.38 日
脱出速度	617.5 km/s
表面温度	5780 K
実視等級	-26.78
絶対等級	$+4.83$
光度	3.85×10^{26} W

また，太陽の表面温度は約 6000 K だが，太陽の表面で何かが燃えているわけではない。たしかに，太陽の中心部では 1000 万 K という高温のもとで，水素がヘリウムに変換する核融合反応が起こっており，核融合はある意味で"燃えている"といってもいいかもしれないが，表面では温度も密度も低すぎて核融合は起こらない。だから，"太陽は燃える火の玉だ"というようなイメージは，まったくの間違いである。約 6000 K の表面温度は，日常の感覚からすると高い温度ではあるが，中心からにじみ出てきた熱と光によって太陽の表面が"暖められた"，いわば太陽の"体温"なのだ。"

このような光り輝く太陽は，地球から観測する等級（実視等級）は -27 等にもなるが，10 pc（32.6 光年）の距離から見た等級（絶対等級）は 5 等程度で，ちょっと離れてみれば，太陽は何の変哲もない，目立たないありふれた星になってしまうだろう。

さらに，たいていの天体が回転しているが，太陽も例外ではなく，1 か月

弱の周期で自転している。太陽が自転していること自体は不思議ではないのだが，むしろ，太陽の場合は，自転がゆっくりしすぎていることの方が謎なのだ。というのも，太陽が生まれたときの状況を推測すると，もっともっと高速で自転していたはずだからだ。身近な星，太陽にも，多くの謎が残っている。

肉眼で見た太陽は白色に輝く光の玉だが，望遠鏡などで詳しく調べると，表面にはいろいろな模様や現象があることが知られている。まず，そのいくつかを紹介しておこう。

光 球

そもそも，太陽はガスでできていると述べた。空に浮かぶ雲の表面も，遠くから見ると表面があるように見えるが，飛行機などで近づけば，どこからが表面なのかは定かではない。もやもやしたガス（気体）でできた

図 8.1 京の夕日.

太陽の表面は，一体どこなのだろうか（図 8.1）。

太陽の表面についていろいろ調べるときも，どこまでが太陽で，どこからが太陽の外側かを決めないことには話にならないので，一応の定義がある。すなわち，便宜上，500 nm の可視光に対して不透明になるところを，太陽の表面（太陽の本体と大気の境目）と定義している。ここより内側の太陽本体は（外部からは）見えない。逆に，光って見えているのは，ここより少し外側の部分で，そこを「光球（photosphere）」とよんでいる。

黒 点

太陽の光っている表面には，味噌汁のぼこぼこの模様のように対流で生じたツブツブの構造や，太陽からガスがちょびっと吹き出たヒゲのような突起物や，もっと激しいガスの爆発的な噴出構造や，細かく見ると実に多彩な特

徴が見られる．それらの中でも，何といっても目立つのは，肉眼でも黒っぽいシミとして見える「黒点（sunspot）」だろう（図 8.2）．

図 8.2 は太陽観測衛星 SOHO で撮影した太陽で，左の画像では，中央やや左寄りに，また右の画像では中央部と左縁付近に，確かに黒いシミのように黒点が見えている．黒点が黒く見えるのは，太陽の表面の平均的な温度（約 6000 K）よりも，黒点領域では 2000 K 近く温度が低くなっていて，周囲とのコントラストのために，相対的に黒く見えているのである．すなわち，6000 K の表面がよく写るように撮影すると，黒点部分が露出不足で黒くなるのだ．黒点部分では，磁場が非常に強く，その影響によって太陽内部からの高温ガスの上昇が抑えられているためだが，なぜそんなに磁場が強いかについての完全な説明はまだわかっていない．

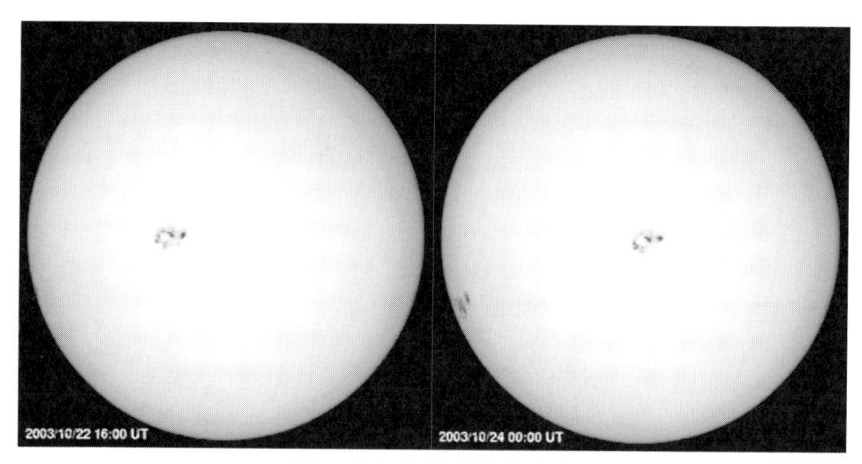

図 8.2 黒点（SOHO/NASA/ESA）．

ところで，図 8.2 をよく見ると，中央付近の黒点は，形（模様）は同じだ．実は，これらの画像は 2 日ほど間を置いて撮影されたもので，その間に，太陽が自転して，黒点の位置が左から右へと移動したのだ．そしてまた，2 日前の左の画像では，太陽の裏側に隠れていた黒点が，右の画像では左縁に見えてきたのである．黒点を使って太陽の自転を測ることもできる．

さらに，もう一つ，図8.2で気付くのは，太陽表面の明るさが一様でないことだ。白黒の写真で見ても，中央部が明るく，周縁部が暗くなっていることがわかるだろう。これは「周縁減光効果（limb darkening）」とよばれているが，うーん，えーと，えーと，いらんこと書いてしまった。説明しにくい。

似た例を挙げると，昼間見る太陽は明るすぎて見つめることができないが，夕日は見つめることができるのと同じ現象だ。昼間は地球の大気を垂直に光が貫くので，大量の光が届くが，夕方は地球の大気を水平方向に光が通るので，途中の通過する大気の部分が長くなり，その間に光が散らされて，最終的に届く光量が減る。自ら輝く太陽自身でも同じ現象が起こっている。すなわち，地球から太陽を見たときに，太陽画像の中央部からやってくる光は，太陽大気を垂直に貫いて出てきた光なので，大量の光が通り抜けてきて，明るい。しかし，太陽画像の周縁部からやってくる光は，太陽大気を横方向に通り抜けてきた光なので，あまり深いところからの光は届かなくなり，その結果，光の量が減っているため，中央部より暗くなっているのである。

紅　炎

太陽上空にもいろいろ目立つ現象はあるが，まず筆頭は，太陽表面から立ち上る水素のガスでできた「紅炎/プロミネンス（prominence）」だろう（図8.3）。

紅炎は，太陽周辺の高温のコロナ中に浮かぶ水素ガスの雲で，そのサイズは幅が数千kmで長さは数万kmにも及ぶ。水素ガス特有の赤い光を出していて，皆既日食のときには肉眼でも見ることができて，紅い炎のような色をしていることから，"紅炎"という名前が付いた。もっとも"炎"

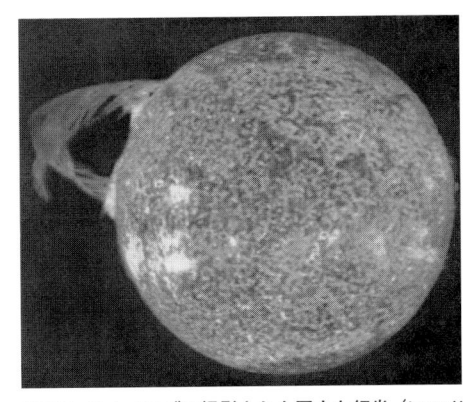

図8.3　スカイラブで撮影された巨大な紅炎（http://www.nrl.navy.mil/NewsRoom/images/sun.jpg）．

とは付いているが，太陽表面と同様に，何かが燃えているわけではない．実際，英語の prominence は突起物のような目立つものの意味で，"炎"の意味はない．

　紅炎のガスは磁場の力で支えられているのだが，磁場はしばしば不安定になるため，数か月も安定に存在するものもあれば，数分で爆発的に上昇し消滅するものもある．紅炎のガスの温度は約 1 万 K ほどで，周囲の 100 万 K のコロナに比べれば，非常に"低温"だ．逆にいえば，100 万 K のコロナの中で，なぜ 1 万 K もの低温のガスが存在できているのかは，よくわかっていない．

コロナ

　太陽表面の現象を締めくくるのは，太陽周辺の希薄で高温なガスの広がり「太陽コロナ（solar corona）」，あるいは単に「コロナ/光冠（corona）」だろう（図 8.4）．

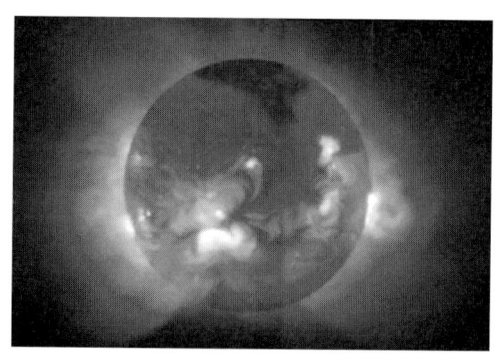

図 8.4　太陽観測衛星 "ようこう" が撮像した X 線で見た太陽コロナ（JAXA）．

　コロナのガスの密度は非常に希薄だが，きわめて高温（約 100 万 K）である．約 6000 K という "冷たい" 太陽の上空に，なぜこのような高温のコロナが存在するのかは，まだ完全には解明されていない．ともあれ，100 万 K という高温なため，コロナのガスは完全に電離して，原子核（水素の場合は

陽子）と，原子核に束縛されていない自由電子に分かれている。その自由電子が太陽からの光を散乱して，コロナはあのように光っている。

コロナの語源は有名だろうが，冠の意味がある。すなわち，太陽のまわりのコロナが上から見た王冠のように見えることから，ラテン語で王冠を表す corona と名付けられた。

太陽の生と死

太陽程度の質量の主系列星の寿命は約 100 億年あり，太陽はその寿命のちょうど中間くらい，約 46 億年の年齢である。まだ 50 億年ぐらいの余命があるわけだが，主系列星の段階を終わった後には，100 倍くらいに膨れて赤色巨星となり，一方で中心核は 100 分の 1 くらいに収縮して白色矮星となっていく。そんな先の話はどうでもいいかもしれないが，そんなことを考えるのが天文学者のメシの種でもある。

星の誕生

一般的には，宇宙空間は真空だと思われているが，いや実際きわめて真空に近いのは事実だが，それでも，平均的には 1 cm^3 に 1 個ぐらいの割合で水素原子が存在しているのである。これらの水素ガスは星間空間に一様に広がっているわけではなく，ムラムラがあって，ムラムラの中でも密度の濃い部分が自分自身の重力で収縮を始めたときが，星の長い長い一生のスタートだ。

ガス雲の一部が凝集して，丸いガス球としてまとまったとき，収縮によって高温となったガス球は非常に明るく輝く"星"となる。もっとも，この段階では，星とはいっても，中心部の温度は 10 万 K 程度にすぎないので，まだ，大人の星で見られるような，水素がヘリウムに変換する核融合反応は起こしていない。いわば子どもの星であり，それがために「原始星（protostar）」と呼ばれる（図 8.5）。

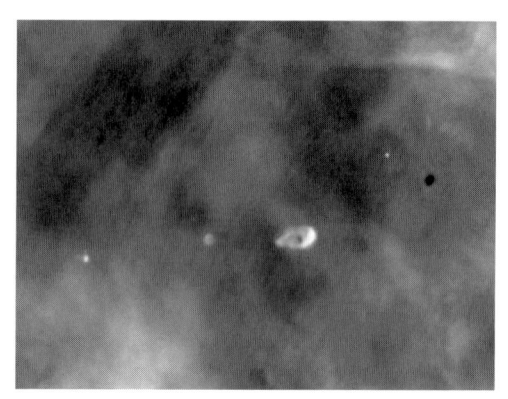

図 8.5 オリオン大星雲 M42 の中の原始星（HST/STScI）．原始星を取り囲むガス円盤がシルエットとして見えている．

大人の星

　原始星は，表面からエネルギーを放射しながら数千万年かけてゆっくりと収縮し，次第に中心の温度を上げていく．そしてガスの温度が上昇していって，中心の温度が約 1000 万 K になった段階で，中心で水素がヘリウムに変換する核融合反応が点火し，原始星は大人の星「主系列星（main sequence star）」に変貌する（図 8.6）．主系列星は，その中心部（半径にして 1 割〜2 割くらいの領域）で，水素ガスが核融合を起こし"燃えて"いる段階の星である．

　なお，この主系列星の期間は，星の質量によって大きく異なる．太陽の寿命は約 100 億年だが，太陽の 20 倍の質量の星は，核融合反応が非常に激しく，したがって，太陽の数万倍の明るさで輝き，その結果，あっという間に中心部の水素を燃やし尽くして，たった 700 万年ほどで主系列の段階を終えてしまう．逆に，太陽の半分の質量の星は核融合反応もゆっくりなため，1000 億年以上も生きるのだ．

　いずれにせよ，星はその一生の大部分を主系列星として過ごす．したがって，夜空に見える普通の星はほとんどすべて，主系列星なのである．

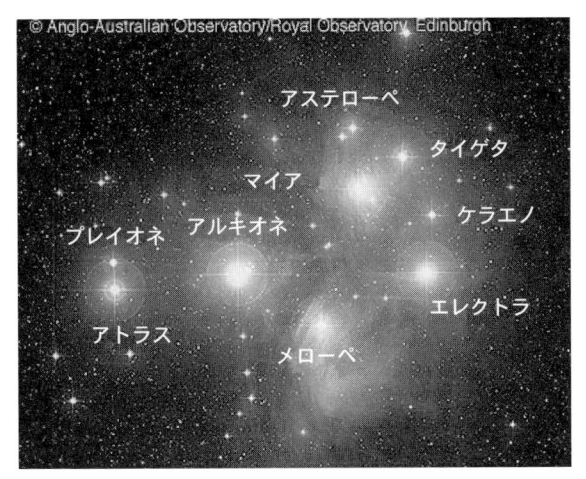

図 8.6 すばる/プレアデス星団 M45（AAO）．すばるの星々はみな主系列星である．

老いた星

　主系列星の段階も末期になると，星の中心部には水素の燃えかすであるヘリウムがたまってくる．星の中心がヘリウムばかりになると，ヘリウム中心核の外側で水素が引き続き核反応を起こすようになる．このヘリウム中心核がある程度大きくなると，その内部に熱源がないために，ヘリウムの中心核が収縮し始める．そして，それとバランスを保つために，ヘリウム中心核の収縮と対応するように，水素の外層は膨張を始めるのだ．水素外層の膨張の結果，半径が太陽の100倍以上もある「赤色巨星（red giant）」ができあがるのである（92ページの図8.7）

　赤色巨星が"赤色"であるゆえんは，星の半径が非常に大きくなって表面の温度が下がったためである．

　詳しい計算によると，たとえば，太陽の7倍の質量をもった星の場合，赤色巨星になると，ヘリウム中心核の半径が太陽半径の10分の1くらいに収縮する一方で，外層は太陽半径の140倍ぐらいまで膨張する．すなわち，相対的には，外層は中心核の1000倍以上にもなるのだ．また質量が一定の場合，星の半径が100倍にも膨張すれば，ガスの密度はきわめて小さくなり，

図 8.7 左上の画像はオリオン座（右側の画像）の一角をなす赤色巨星ベテルギウスを直にとらえた画像（NASA）．ベテルギウスは，オリオン座（右側の画像）の向かって左上の星．

赤色巨星の外層大気は，地球の空気（1 cm^3 当たり 0.001 g）よりもはるかに希薄で，1 cm^3 当たり 10 万分の 1 g ほどしかない．赤色巨星とは，小さな小さなヘリウムの星（中心核）の上に，ふわふわの水素がかぶさった二重構造の星なのだ．

さて，太陽もあと 50 億年ほどで赤色巨星に姿を変え，その表面は，水星や金星の軌道をも越えて膨らむだろう．はるか未来の地球からは，空いっぱいに広がった真っ赤な太陽の姿が見えるかもしれない．その後の進化については，10.3 節で述べよう．

太陽エネルギー

太陽のような主系列星（普通の星）の中心部では，その高温高圧状態のもとで，水素原子が融合してヘリウム原子になるという高エネルギー反応が起こっている．いわゆる「核融合反応（nuclear fusion reaction）」の一種なのだが，化学反応における水素の酸化反応の用語を転用して，「水素燃焼（hydrogen burning）」と称することも多い．

さて，核融合における水素燃焼には，水素が次々と融合して，重水素やヘリウム 3 などを経てヘリウム原子核に至る「陽子陽子連鎖反応/pp チェーン（pp chain）」と，炭素 C 窒素 N 酸素 O などを触媒としつつ，水素がヘリウムに変化し

ていく「ＣＮＯサイクル（CNO cycle）」とがある．いずれの場合でも，反応前後での差引勘定をすると，最終的には，4個の陽子（水素の原子核）が1個のα粒子（ヘリウムの原子核）に融合する核反応：

$$4\,{}^1\mathrm{H} \longrightarrow {}^4\mathrm{He} + エネルギー$$

になっている．

　最終の反応式だけ見ると単純そうだが，途中のプロセスは案外と複雑だ．たとえば，陽子陽子連鎖反応の場合をみてみよう（図8.8）．

　最初に2個の陽子（p）が衝突し，ニュートリノ（ν）と陽電子（e⁺）を放出して，陽子と中性子からなる重水素の原子核（D）ができる．次に，この重水素の原子核が別の陽子と衝突し，光子（γ）を放出して，2個の陽子と1個の中性子からなるヘリウム3（³He）になる．最後に，ヘリウム3が別の経路でできたヘリウム3と衝突し，2個の陽子を放出して，通常のヘリウム原子核（He）になるのだ．差し引きすると上の反応式になるが，あくまでも，粒子2個ずつがチマチマと衝突した結果であって，4個の水素原子核がいちどきに衝突するわけではない．

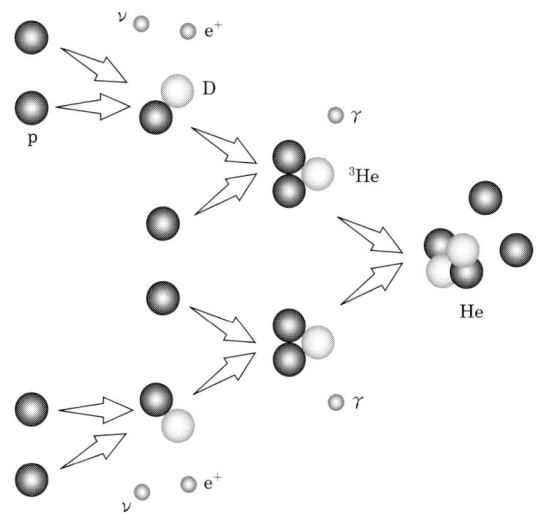

図8.8　陽子陽子連鎖反応．記号のpは陽子（proton），Dは重水素（Deuterium），Heはヘリウム（Helium），νはニュートリノ（neutrino），e⁺は陽電子（positron），そしてγは光子を表している．

　このことは日常生活と比べてみるとよくわかるだろう．すなわち，ふだんの生活の中で街に出かけたとき，たまたま同じ場所で同じ時間に知った人間が2人出

8章　母なる星：太陽

会うことはときたまあるだろう．しかし，同時刻同一地点で4人の知人が偶然にばったり出会うことなどまずない．素粒子の核融合も，偶然の出会いが左右しているのである．

さて，太陽エネルギーの話だ．核融合の反応式で，（反応前の）4個の水素原子の質量と（反応後の）1個のヘリウム原子の質量とは同じではなく，反応後の質量の方がごくわずかに小さい．ヘリウム原子核1個の質量は，4個の水素原子核の質量を合わせたものよりも，0.7％だけ小さいのだ．1個の水素原子当たりにしても，その質量の0.7％になる．この割合を，「質量欠損」とよんでいる．

すなわち，水素の核融合反応によって，1個の水素原子当たり，その質量の0.7％がエネルギーに変換されるのだ．具体的には，4個の陽子からヘリウム原子核が1個生まれる過程で，2個の陽電子と2個の電子ニュートリノと2個の光子が発生する．このうち，電子ニュートリノは物質と相互作用せず，ほぼ光速で宇宙空間へ逃げ去っていくが，陽電子は周囲の電子とすぐに対消滅し，輻射のエネルギーとなって，太陽の輝きに寄与するのである．もちろん，光子も太陽の輝きに寄与する．

【章末問題：太陽エネルギー】
図8.8で示した陽子陽子連鎖反応について，各ステップの反応式を書き上げてみよ（ヒント：化学反応式を書く要領で行うとよい）．
また，各ステップの反応式をたし上げて，トータルの核反応を表す式にまとめてみよ（ヒント：化学反応式の場合と同様に，左右の項の係数を合わせるようにすること）．

9章　太陽系最前線：構造と形成

太陽系の仲間たち（提供：NASA）
　太陽系は太陽を中心として，惑星や小惑星・彗星その他，さまざまな天体からできている。

　"すいきんちかもくどてんかい"。まるで念仏のようだが，惑星の名前を，水金地火木土天海と並べたものだ。太陽と太陽をめぐる八つの惑星，そして，小惑星や彗星やエッジワース＝カイパーベルト天体など無数の微小天体からなる「太陽系（Solar System）」は，ぼくたちに比較的身近な天界だ。よく知られているかのように見える太陽系だが，最近でも，太陽系外縁天体の発見や小惑星の探査など，まだまだ新しい発見が続いている。

惑星たち

　太陽のまわりを回る天体で，自分では光っておらず太陽の光を受けて輝き，かつある程度の大きさ（質量）をもったものを「惑星（planet）」と称している（図 9.1，表 9.1）。

図 9.1　太陽系の各惑星（NASA/粟野諭美ほか『宇宙スペクトル博物館』）．

表 9.1　惑星表（『理科年表』より）

名前	軌道長半径 （天文単位）	離心率	軌道傾斜 （°）	公転周期 （年）	公転速度 （km/s）
水星	0.3871	0.2056	7.005	0.2409	47.36
金星	0.7233	0.0068	3.395	0.6152	35.02
地球	1.0000	0.0167	0.000	1.0000	29.78
火星	1.5237	0.0934	1.850	1.8809	24.08
木星	5.2026	0.0485	1.303	11.862	13.06
土星	9.5549	0.0555	2.489	29.458	9.65
天王星	19.2184	0.0463	0.773	84.022	6.81
海王星	30.1104	0.0090	1.770	164.774	5.44
冥王星	39.5404	0.2490	17.145	248.796	4.68
ハレー彗星		0.967	162.2	76.0	

　従来は，太陽に近い方から，水星，金星，地球，火星，木星，土星，天王星，海王星，冥王星と九つの惑星があるとされてきた。しかしながら，非常

に小さい冥王星は惑星形成論の見地からは惑星として疑念があり，そして，最近の観測技術の進歩によって，冥王星よりも大きな天体が次々発見されてきた．このような科学の発展の結果を受けて，2006年の夏にプラハで行われた第26回国際天文学連合の総会において，冥王星を惑星から外すことが決まり，太陽系の惑星は8個とすることになった．また冥王星は，惑星よりは小さいが小惑星（asteroid）よりは大きいというカテゴリーで「準惑星（dwarf planet）」とよばれることになった．海王星軌道より外側で発見され始めた，冥王星と同じくらいかもう少し大きな天体も準惑星というわけだ．科学が進歩するとともに，新しい分類や言葉が必要になってくるものだ．

さて，太陽系の惑星の軌道は，円に近いが，正確には太陽を焦点とする楕円である（図9.2，次節参照）．実際，もっとも"外側"の冥王星の軌道はかなりひずんでいるので，海王星の軌道の内側に入り込んでいて，冥王星の方が海王星よりも太陽に近くなる時期もある．また，大部分の惑星はほぼ同じ平面内を軌道運動しているが，冥王星の軌道はかなり傾いている（図9.3）．

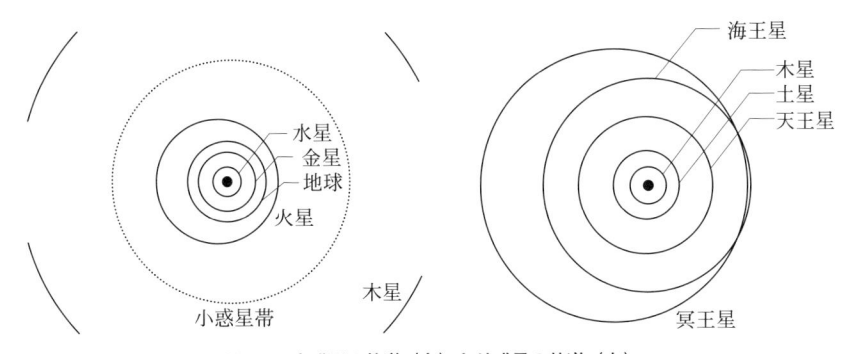

図9.2 内惑星の軌道（左）と外惑星の軌道（右）．

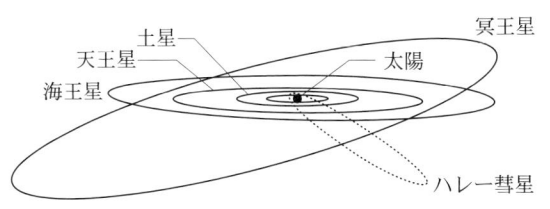

図9.3 斜めから見た軌道図．冥王星の軌道とハレー彗星の軌道がかなり傾いているのがわかる．

なお，惑星とか遊星（游星）という言葉の起源は，江戸時代にまでさかのぼる。江戸時代末期に，長崎で活躍したオランダ通詞（すなわち，通訳）に，本木良永（1735～1794）と本木正栄（1767～1822）の父子がいる。父の良永は1774年（安永3年）に『天地二球用法』を翻訳し，日本に最初に地動説を伝えたことで有名だ。また，1792年（寛政4年）に『太陽窮理了解説』を著し，その中で"惑星"という言葉を初めて使ったようだ。惑星という言葉は，良永が創案した用語だと思われる。

一方，英語の planet は，ギリシャ語の planeo（さまよい歩く）から派生した planetes（ΠΛΑΝΗΤΕΣ）を起源としている。いわゆる planetarium（プラネタリウム/天象儀，惑星儀）は派生語だ。

では，これらの諸惑星について，以下，順にながめていこう。

水星（Mercury）

水星は太陽に一番近い惑星で，約88日で太陽を一周する。太陽に近いことや離心率が大きいこと，大気がないことなどから，昼夜の温度差が非常に大きく，昼は430℃にもなる一方で，夜は−170℃にも下がる。また，大気がないため，月と同じようにクレーターにおおわれている（図9.4）。

中国ではもともと水星のことを辰星とよんでいたが，五行思想のもとで，（水星がすばやく動くので）水の要素と結び付けられ水星となった。西洋では水星がすばやく動くので，ギリシャ神話ではゼウスとマイアの息子で伝令の神ヘルメス（Hermes）であり，ローマ神話でも通商や旅行の神のメルクリウス（Mercurius）になる。

図 9.4　水星の素顔（NASA）.

水星の惑星記号は，男性記号の上に2本の角が生えたような形をしているが，これはヘルメスのもつ2匹の蛇がからみ合った杖をか

たどっている．

ちなみに，水曜日の英語 Wednesday は，北欧神話の最高神オーディン（Woden/Odin）の日という意味である．

金星（Venus）

金星は，太陽と月を除くと，全天で一番明るい天体で，日本では"明けの明星"や"宵の明星"とよばれてきた（図 9.5）．主に二酸化炭素からなる濃く厚い大気に包まれており，その大気の温室効果によって，金星表面の温度は 750 K にもなっている．

雲でおおわれた金星は，その表面がどうなっているかは謎だったが，1990 年に，金星の周回軌道に入ったマゼラン探査機の電波探査などによって，山や谷や高地や盆地などさまざまな地形におおわれていることがわかった．

中国ではもともと太白（たいはく）とよんでいたが，五行思想のもとで，（金星がキラキラ光ることから）金の要素と結び付けられて金星となった．西洋では，金星が明るく美しいことから美の女神が当てられ，ギリシャ神話ではゼウスとディオネの娘で美の女神アプロディテ（Aphrodite）になり，ローマ神話ではウェヌス（Venus），すなわちビーナスになる．

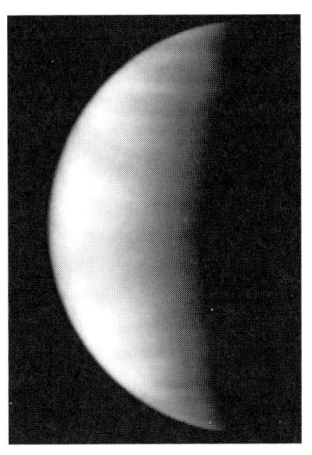

図 9.5 紫外線で見た金星（NASA）．ハッブル宇宙望遠鏡が 1995 年に撮影．紫外線で金星を見ると，雲のようすがわかる．

金星の惑星記号は，マルの下に十字を描いた，いわゆる女性の記号である．そのおおもとは，ヴィーナスのもつ鏡だとする説と，エジプトのアンク十字架だとする説などがある．

ちなみに，金曜日の英語 Friday は，北欧神話における春と愛の神フレイア（Freya）から名付けられた．

地球 (Earth)

母なる惑星，地球。太陽系の中で唯一，液体の水が大量に存在する惑星で，そのため"水惑星"ともよばれる。地球の表面には，大気圏や水圏そして生命圏があり，内部は地殻・マントル・金属核に分けられる。また，ぼくたちの知る限り，宇宙の中でただ一つの生命が存在する惑星だ（図9.6）。

図9.6 宇宙から見た地球（NASA）．

「地球」という言葉は，惑星と同じく，長崎の通詞本木良永がつくったといわれている。

英語では earth（といっても，古代チュートン語が起源らしい），ラテン語では terra（土地の意味），ギリシャ語で相当する言葉が Gaia，Gaea である（ギリシャ綴りが Gaia で，ラテン綴りだと Gaea）。

地球の惑星記号，マルに十字は，円が地球そのものを表し，十字は赤道と子午線を表している。

火星 (Mars)

火星の表面の大部分は酸化鉄を含む赤褐色の砂漠におおわれており，しばしば"赤い惑星"とよばれるゆえんとなっている（図9.7）。浸食地形などから，かつて火星に水があったことはほぼ確実で，もし，現在の火星に水があるとすれば，極冠とよばれる氷の層として南極・北極の両極に残っているかもしれない。火星は，0.007〜0.01気圧程度の二酸化炭素（炭酸ガス）を主成分とする薄い大気をもっている。

赤い惑星 —— 火星 —— には，1976年のバイキング1号，2号以来，2004年のスピ

図9.7 大接近時の火星（NASA）．ハッブル宇宙望遠鏡が2001年に撮影したもの．

リット＆オポチュニティーに至るまで，何機も探査機が着陸した．火星人がつくった人工の運河や液体の水こそ見つからなかったが，流水の跡やさまざまな地形が発見され，素晴らしい火星の夕焼けも撮影された．

中国ではもともと熒惑（けいわく）とよんでいたが，五行思想のもとで，（火星が赤いので）火の要素と結び付けられて火星となった．西洋では赤い火星は血や戦争を連想するので，ギリシャ神話ではゼウスとヘラの息子で軍神アレス（Ares），ローマ神話ではやはり軍神マルス（Mars）．

火星の惑星記号は，マルに矢印の付いたいわゆる男性記号だが，マルスのもつ盾と槍をかたどったものだと考えられている．さそり座のアルファ星であるアンタレス（Antares）の名前が，アンチアレス（火星に対抗するもの）に由来することは有名だろう．

ちなみに，火曜日の英語Tuesdayは，北欧神話における戦いの神ティール（Tyr）から付けられた．

小惑星（asteroid）

小惑星は，主として火星と木星の軌道の間に存在する（木星の軌道上や太陽系のその他の領域にもあるが），さまざまな大きさの無数の岩塊のことで，太陽系の形成時にいったん形成された微惑星が，衝突などによって破壊された残骸だと考えられている．現在，約30万個の小惑星が知られている．

太陽系における最近の話題は，何はさておき，2005年9月，探査機はやぶさが撮影した小惑星イトカワ（日本のロケット開発のパイオニアである糸川英夫に由来）の近影だろう（図9.8）．イトカワのジャガイモのようないびつな姿には，予想されていたとはいえ，なかなかに感動もんだった．小惑星りゅうぐうへ向け，はやぶさ2がミッション遂行中だ．

図9.8 小惑星イトカワの近影（宇宙研究開発機構JAXA）．

英語のasteroidは星に似たものという意味で，命名したのはW. ハーシェ

ル（William Herschel，1738 〜 1822）。英語ではしばしば asteroid とよぶが，minor planet ともいい，後者の方が，意味としては合う。

木星 （Jupiter）

　木星は太陽系最大の惑星で，太陽の約 1/1000，地球の 318 倍の質量をもつ。地球や火星のような固体でできた惑星と異なり，木星や土星は主に水素とヘリウムからできたガス惑星だ（図 9.9）。

　木星の表面には褐色の縞模様が見られるが，これは大気にアンモニアなど窒素化合物が大量に含まれていることや，10 時間程度で高速自転していることなどによるものと考えられる。

　木星の気象の特徴は大小さまざまな渦があることで，なかでも大赤斑 GRS（Great Red Spot）は名前のとおり，巨大な赤い渦巻きだ。1664 年にフックが発見して以来，濃くなり，薄くなりして存続してきた。南半球の熱帯ゾーンにある台風のようなものらしい。

図 9.9　木星と大赤斑（NASA）．ハッブル宇宙望遠鏡が撮影した 1992 年から 1999 年までの大赤斑の変化のようす．

　太陽系最大の惑星である木星にも，1973 年のパイオニア探査機，そして，1979 年にはボイジャー探査機が訪れ，大赤斑が巨大な渦であることをまざまざと見せつけた。また，1995 年に木星大気に降下したガリレオ探査機の観測により，中心ほどゆっくり回転していることや，中心部ほど高層まで伸びているという螺旋構造をしていることがわかった。また，木星にも細いリングがあることがわかり，衛星は 60 個以上も見つかっている。

　中国ではもともと歳星とよんでいたが，五行思想のもとで，（水金火土の要素に当てはまらなかった）木の要素と結び付けられて木星となった。西洋では，木星が堂々としていることから最高神が当てられ，ギリシャ神話では，

ティターン神族のクロノスとレアの息子でオリンポス神族の最高神である大神ゼウス (Zeus) が, ローマ神話ではユピテル (Jupiter) が対応する。

木星の惑星記号は, 数字の4のような変な形をしているが, ゼウスの放った雷を図案化したものらしい。

ちなみに, 木曜日の英語 Thursday は, 北欧神話の雷と農耕の神トール (Thor) から付けられた。

土星 (Saturn)

土星は木星と同じくガスでできた惑星だが, 平均密度は水より小さく, $1\,\mathrm{cm}^3$ 当たり $0.7\,\mathrm{g}$ しかない。また, 美しい環をもつことで有名だ (図9.10)。

やはり, パイオニアやボイジャーの観測によって, 地球からは一枚板のように見えていた美しい土星の環は, 実は細いリングの集合体であることがわかってきた。実際, 土星の環は cm ないし m サイズの氷の粒でできており, A環からF環まで分かれている。外側のA環とB環の間には, 発見者にちなんで, カッシーニの空隙とよばれる隙間がよくわかる。土星の衛星も50個ほど見つかっている。また2004年には, カッシーニ探査機が土星軌道に到達し, 2005年, 子機のホイヘンスが土星の衛星タイタンに着陸するという快挙も成し遂げられた。

中国ではもともと填星(てんせい)とよんでいたが, 五行思想のもとで, (土星がどっしりと動かないので) 土の要素と結び付けられて土星となった。西洋では, 土星があまり動かないことから大地を連想するので, ギリシャ神話ではガイアとウラノスの末子クロノス (Cronos) が, ローマ神話では農耕の神サトゥルヌス (Saturnus) が当てられた。

変形したhに横棒の付いたような土星の惑星記号は, 農耕の神サトゥルヌスの鎌に由来するようだ。ちなみに, 土曜日の英語 Saturday

図9.10 土星の写真 (NASA).

は，ローマ神話の農耕の神サトゥルヌスから付けられた。

天王星（Uranus）

天王星は外惑星の一つで，望遠鏡で見ると青みがかって見える（図 9.11）。天王星で興味深いのは，その自転軸が黄道面に対し 98°も傾いていて，ほとんど横倒し状態で自転していることだ。また，天王星にも環が発見されている。

天王星は 1781 年に，イギリスのハーシェル（William Herschel，1738〜1822）が発見した。当初，ハーシェルは，当時のイギリスの国王ジョージⅢ世にちなんで，ジョージ星（Georginus Sidus）と命名したのだが，国際的には受け入れられなかった。最終的に，ボーデ（Johann Bode，1747〜1826）が，ギリシャ神話で大地の女神ガイアが自分自身で生んだ天の神ウラノス（Uranus）に，ローマ神話でもウラノス（Ouranos）に対応させることを提唱した。"天王星"はその直訳だろうが，中国由来らしい。

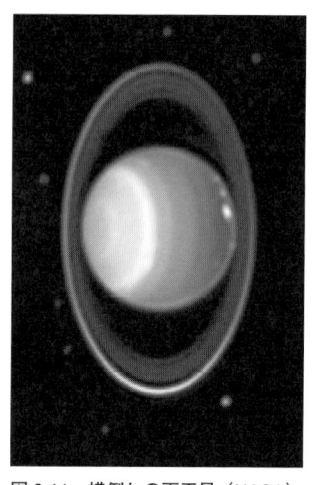

図 9.11　横倒しの天王星（NASA）．ハッブル宇宙望遠鏡が 1998 年に撮影．

大文字の H とマルなどを組み合わせたような天王星の惑星記号は，ハーシェルの頭文字の H を図案化したものだ。

海王星（Neptune）

海王星も，天王星同様，外惑星の一つで，青白い惑星だ（図 9.12）。ボイジャー 2 号の探査によって，青白い海王星には木星の大赤斑と似た大黒斑が発見された。また，ハワイのマウナケアにある NASA の近赤外線望遠鏡での観測から，海王星では激しい嵐が起こっていることがわかった。とくに赤道付近では，時速 1400 km もの速さの風が吹いていることがわかったが，その謎はまだ解かれていない。

海王星は，1846年，ベルリン天文台のガレ（Johann Gottfried Galle，1812～1910）が発見した。すでに1781年に発見されていた天王星について研究が進むと，天体力学にもとづいて計算された天王星の位置と，実際に観測された位置がずれていることがわかった。イギリスのアダムズ（John Couch Adams，1819～1892）とフランスのルベリエ（Urbain Jean Joseph Le Verrier，1811～1877）は，独立に天王星の外側に未知の惑星が存在していることを予測し，その位置を推算した。そして，ルベリエの予測にもとづき，ガレがほぼ予想された位置に海王星を発見したのだ。

図9.12　青白い海王星（NASA）．ボイジャー2号が1989年に撮影．

　その海王星だが，ギリシャ神話では，ゼウスと同じく，ティターン神族のクロノスとレアの息子で，ゼウスの兄弟になる海神ポセイドン（Poseidon）に，ローマ神話ではネプチューン（Neptune）に対応させられている。中国で直訳したものが"海王星"という名前である。

　ポセイドンは，ギリシャ語のΨ（プサイ）のような形をした三叉の戟──トライデントtrident──をもっていて，それが海王星の惑星記号になっている。

冥王星（Pluto）

　冥王星は，あまりに遠方にあるために，その姿は十分にはつかめていない（106ページの図9.13）。実際，1978年にもなって，冥王星がかなり大きな衛星をもっていることがわかった。すなわち，1978年6月22日に，アメリカの天文学者ジェームズ・クリスティ（James Christy，1938～）が衛星を発見し，「カロン（Charon）」と名付けた。カロンは，母惑星（冥王星）の半分もの大きさをもっていて，ある時期に冥王星に捕獲されたのだろう。このカロン（Charon）というのは，ギリシャ神話では三途の川アケロン（Acheron）の渡し守（ferryman）の名前である。ごく最近（2006年）には，

カロン以外にも衛星が存在していることが判明した。もっとも身近な太陽系でさえ，まだまだ新発見があるのだ。

図9.13　ニューホライズンズの撮像した冥王星（右）と衛星カロン（NASA）．

　冥王星は，アメリカのアリゾナ州ローウェル天文台のトンボー（Clyde William Tombaugh, 1906 ～ 1997）が1930年に発見した。

　冥王星は，ギリシャ神話では，クロノスとレアの息子で冥界の王ハデス（Hades）に，ローマ神話ではプルトン（Pluton）に対応させられている。なお，"冥王星"と命名したのは日本人の野尻抱影で，中国へ逆輸入された名前だそうだ。

　冥王星の惑星記号（PとLを組み合わせたもの）は，プルートの綴りの一部でもあり，パーシバル・ローウェル（Percival Lowell, 1855 ～ 1916）の頭文字でもある。

彗星（comet）

　彗星は，はるか太陽系の果てから，ある日突然ふらりとやってきて，太陽の近くで壮大な天体スペクタクルショーを繰り広げ，再び宇宙の彼方へと帰っていく太陽系天体だ（図9.14）。定期的に太陽に近づいてくるものもあるが，多くは一度現れたら二度とはその姿を見せることなく，太陽系辺境の闇に消え去る。典型的な彗星の直径は10 km程度，質量は10^{17} gほどで，本体は，水・メタン・アンモニア・二酸化炭素などの氷に，固体微粒子の混ざった塊で，俗に"汚れた雪玉"とよばれている。

有名なハレー彗星（Comet Halley）は，周期76年で太陽のまわりを回っており，紀元1066年と1222年にも出現した記録が残っている．最近では，1986年に見ることができたが，次に見ることができるのは2062年，かなり先である．

　漢字の「彗」は会意文字で，手で草ほうきを取るさまから，掃くとか，さらには箒の意味を表すそうだ．英語の方は，ラテン語のcometa，ギリシャ語のkometesに由来するもので，長い髪をもった，の意味．彗星のボーとした広がりをコマcoma（髪の毛）という．星座では，かみのけ座（Coma）というのもある．

図9.14 ヘールボップ彗星（www.astronomy.mps.ohio-state.edu/Gallery/）．

エッジワース＝カイパーベルト天体（Edgeworth-Kuiper belt object）

　太陽系領域における最大の変化は，エッジワース＝カイパーベルト天体の発見によって，太陽系の辺境が大きく広がったことだろう．半世紀前，冥王星が太陽系最果ての"惑星"で，太陽系の広がりは冥王星軌道あたりまでだと思われていた．ところが1992年，冥王星軌道の彼方にも，微小な天体が軌道運動していることが発見されたのだ（108ページの図9.15）．

　そもそも，1950年前後にアイルランドのケネス・エッジワース（Kenneth Essex Edgeworth，1880～1972）（1943年，1949年）とアメリカのジェラルド・カイパー（Gerald Peter Kuiper，1905～1973）（1951年）は独立に，太陽系の外縁には，惑星になりきれなかった微小な天体が多数残っているはずだと発表した．彼らは氷や雪でできた微小天体が，ときおり太陽系内部に落下してきて短周期彗星になるのだろうと予想したのである．そこで現在は，太陽系外縁のその領域の天体を，彼らの名前をとって，「エッジワース＝カイパーベルト天体（Edgeworth-Kuiper belt object）」とよぶ．エッジワース＝カイパーベルト天体は，太陽系が生まれたときの状態を保っていると想像されるので，太陽系がどのように形成されてきたかを議論するうえで非常に重

9章　太陽系最前線：構造と形成

要な天体である。

　海王星軌道より遠方にある天体という意味で，「TNO（Trans-Neptunian Object）」，あるいは最近では「太陽系外縁天体」と称することも多い。

　エッジワース＝カイパーベルト天体を観測するのは難航したが，暗くて低温の天体を発見するのに適した近赤外CCDが開発されて，世界中でエッジワース＝カイパーベルト天体を探す観測が進められた。そんななか，1992年8月についに，最初のエッジワース＝カイパーベルト天体が発見されたのだ。1992QB1と名付けられたこの天体の軌道は，太陽からの平均距離が41.2天文単位，離心率0.11の比較的円に近い軌道で，太陽を一周するのに296年かかると見積もられている。

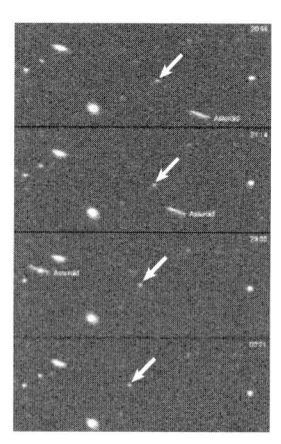

図9.15　最初に発見されたエッジワース＝カイパーベルト天体である1992QB1（矢印の部分）(David Jewitt).

　その後の十数年で，何百個ものエッジワース＝カイパーベルト天体が見つかっており，なかには冥王星よりもサイズの大きい天体さえ見つかっている

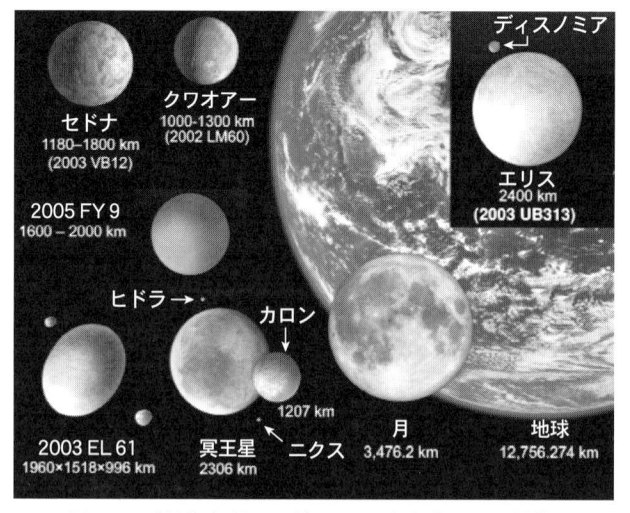

図9.16　惑星サイズのエッジワース＝カイパーベルト天体．

（図 9.16）。太陽系の広がりと描像は劇的に変化したのだ。

太陽系の起源

　太陽の誕生については前の章で述べたが，太陽はひとりぼっちで生まれたのではない。太陽と同時に惑星も誕生した。約 46 億年前に，一つの星間ガス雲が重力収縮を始め，回転のために円盤状に収縮して，中心の密度の濃い部分から太陽が，周辺の回転ガス円盤から諸惑星が生まれたのである。
　太陽系星雲の形成について，もう少しくわしいシナリオを述べておこう（図 9.18）。

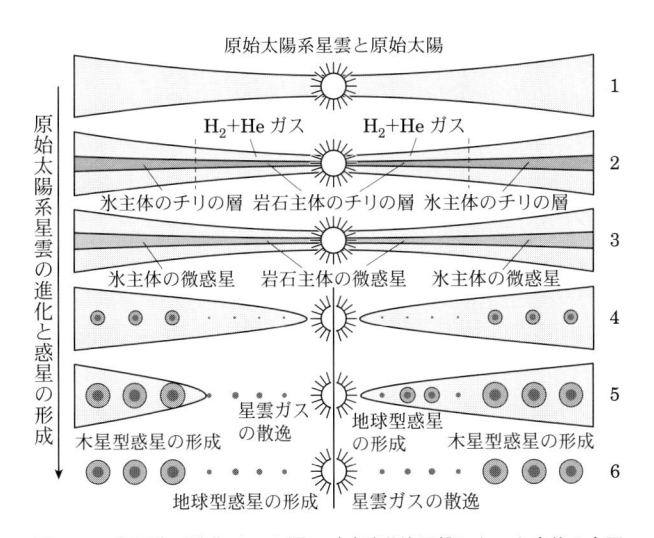

図 9.18　太陽系の形成．上から順に，(1)受動的円盤になった直後の太陽系星雲，(2)チリの沈澱，(3)チリ層の分裂による微惑星の形成，(4)から(6)は惑星集積．下の 2 段は，地球型惑星が星雲ガス散逸後に形成されるモデル（左）と，地球型惑星が星雲ガス中で形成されるモデル（右）に分けて示してある．

① 原始太陽系星雲の形成
　約 46 億年前，星間ガスから太陽が誕生したとき，原始太陽のまわりには，

ガスとチリ（ダスト）からなる円盤状の「原始太陽系星雲（protosolar nebula）」が残された。原始太陽系星雲の総質量は太陽の1％程度で，あまり大きくはないと推定されている。原始太陽系星雲に含まれるチリの質量は，原始太陽系星雲の1％程度だったろう。しかし，たかが1％とはいえ，このチリがあなどれない。チリも積もれば山となる。このわずかなチリから，地球など岩石質の惑星ができたのだ。

② 微惑星の形成

　チリは原始太陽系星雲のガスとともに太陽のまわりを回っていたのだが，次第に円盤の中心面に沈降していって，ガス円盤の赤道面に，ガスの層よりももっと薄いチリの層 —— ダスト層 —— をつくることになる。このダスト層のチリの密度がある程度高くなると，ダスト層は部分部分がブツブツと分裂し重力的に収縮して，10 km ほどの大きさで 10^{15} kg 程度の質量をもった小さな岩塊に凝集した。この岩塊は何百億個，何千億個もできたと思われ，「微惑星（planetesimal）」とよばれている。この微惑星の形成過程は，10万年から100万年くらいかかったと思われる。

③ 原始惑星の形成

　そのような数多くの微惑星は，太陽のまわりを回りながら衝突・合体し，集積・成長して，より大きな塊になっていく。このとき，金持ちはますます金持ちになるような感じで，大きくなった微惑星ほどますます大きくなるという性質がある。その結果，火星くらいの大きさで 10^{23} から 10^{24} kg 程度の質量をもった惑星の子どもができるのだ。このような惑星の子ども ——「原始惑星（protoplanet）」—— は，数十個できたようだ。また，原始惑星の形成過程はやはり10万年から100万年くらいかかったと思われる。

④ 地球型惑星の形成

　原始惑星は太陽のまわりを回っているのだが，数が多いため，互いの重力によって軌道運動に影響を与えてしまう。そして，やがて軌道が交差するよ

うになり，ついには原始惑星同士の衝突が起こる。その結果，原始惑星がいくつか合体して，岩石や金属を主成分とした地球型惑星ができたのだと考えられている。この地球型惑星の形成までは，約1000万年から1億年くらいかかっただろう。

⑤ 木星型惑星の形成

一方，太陽から遠い領域では，原始太陽系星雲の温度が低かったため，一酸化炭素やメタンなどの氷もたくさんできて，それらの氷が微惑星にも大量に含まれることになった。固体成分が多いために原始惑星も大きなものとなり，その重力で周囲のガスを引き寄せ，ガスを大量に含む木星型惑星へ成長していったと考えられている。

⑥ 月の形成

身近な月についてわかっていないことは，月の表側と裏側の違いや，月の内部の構造や，月に水があるかどうかなどなど，意外にもまだまだたくさんあるのだが，その一つが，あまりにも不釣り合いな大きさだ（図9.19）。なにしろ，地球の4分の1もあるのだ。太陽系内の他の惑星の衛星をながめてみても，親惑星に対して，こんなに大きな衛星は見あたらない。

図9.19 地球と月.

サイズがでかいということは，質量の割合も大きいということだ。実際，月の質量は地球の質量の1.23％もある。これまた異例なことで，その結果，月は地球に対して，かなり大きな潮汐作用をもたらす。"潮汐"という言葉の語源でもある，海の満ち潮や引き潮がまさにそうだ。オーストラリア東海岸の沖合に広がるグレートバリアリーフでは，南半球の春に当たる11月，満月の後の夜，無数の珊瑚がいっせいに産卵するという。地上の生き物のライフサイクルにも多大な影響を与えているのが，巨大な月の存在なのだ。

月の起源に関しては，昔からよく知られた三つの説（親子説，兄弟説，他人説）と，やはり昔からあったのだが，アポロ以後に最有力となった巨大衝突説があるが，ここでは巨大衝突説について少し紹介しよう。

「巨大衝突説（ジャイアントインパクト説）」は，そもそも1946年に，R. A. デイリーという地質学者が提案したもので，惑星サイズの巨大な天体が形成途中の地球に衝突し，地球からはぎ取られた物質が月になったとする考え方である（図9.20）。しかし，長い間，この説はまるっきり無視されてきた。というのも，最近こそ，惑星形成の段階で衝突過程が非常に重要だということがわかってきたが，そんなことがわかるよりずっと前の話だったためだ。そして，アポロ計画以後といっても，月の石の解析が進んだ1980年代に入ってから，このジャイアントインパクト説が急速に浮上してきたのだ。

現在では，月の場合に限らず，惑星形成過程で巨大な衝突がしばしば起こることは，ごく自然ななりゆきなのだと考えられている。実際，観測的にも巨大衝突で壊れかけた衛星などがわかっているし，理論的にも，いろいろなシミュレーションが行われて，巨大衝突は珍しいことではないことが確かめられている。

現在の描像では，① 地球の質量の0.14倍ぐらいで，火星よりやや大きい天体が，秒速5kmほどの速度で形成途中の地球に衝突し，② 原始地球の外層や衝突した天体の岩石物質が溶融して飛び散って，原始地球を取り巻き，③ それが冷えて固体粒子の円盤（原始月円盤）となり，④ 原始月円盤が集積して月になった，と考えられている。

【章末問題：マイ惑星の設計】

マイ惑星を思考実験してみよう。すなわち，自分の年齢（mで表した身長でも，kgで表した体重でもいい）を天文単位で表した軌道長半径と考えて，その仮想惑星の公転周期などを求めてみよ。さらに，その仮想惑星に名前を授けよ。

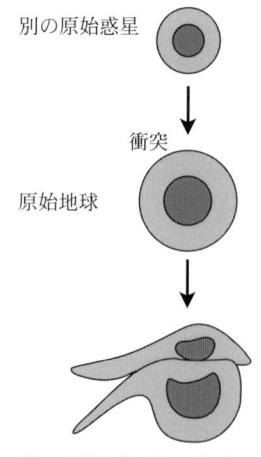

図9.20 ジャイアントインパクト説

10章　恒星の世界：星の種類と進化

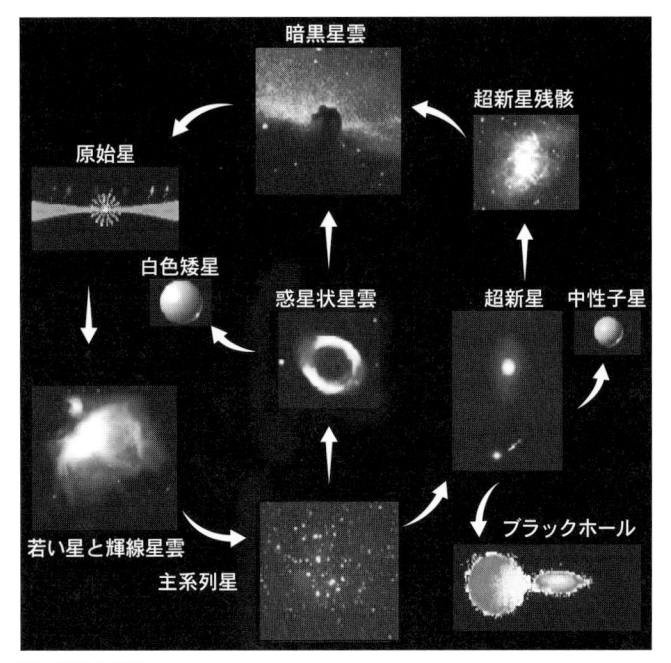

星の進化と輪廻

　夜空に輝く「星（star）」は，宇宙空間のガスが自分自身の重力で引き寄せ合って球状に集まり，内部でエネルギーを発生して自ら光っている天体である。しばしば「恒星（fixed star）」ともいわれる。星にも，主にその進化の段階に応じていろいろなタイプがある。ここでは，そのような星の性質と進化についてまとめよう。

　なお，恒星については，もちろん，もともとは漢語も英語も，天界において位置を変えずに常に光っている星という意味からで，ふらふら動き回る惑星に対する言葉である。一方，星については，やまと言葉の"ほし"は，語源的には，火・炎などと同じようだ。英語の star は，ギリシャ語の aster やラテン語の stella から由来している。

星のスペクトルと HR 図

　人は見た目が9割というが，主として光で観測する天体の場合も"見た目"の情報は重要で，ときとして見た目の情報しか手に入らないこともある。そして，星の場合の見た目の情報は"明るさ"と"色合い"だ。その見た目の情報で星を分類するダイアグラムが，初心者には悪名高きHR図である。

スペクトル型

　人の顔が一人ひとり違うように，星の容貌 ―― スペクトル ―― も，一つひとつ異なっている。しかし，そのような見かけ上多種多様な星々も，スペクトルにおける共通の特徴によって分類することができる。そのような，星からやってくる光の特徴（スペクトル）にもとづいた星のタイプを，「（星の）スペクトル型（spectral type）」とよび，スペクトル型による星の分類を，「（星の）スペクトル分類（spectral classification）」という（図10.1）。

図10.1　主系列星のスペクトル（岡山天体物理観測所＆粟野諭美ほか『宇宙スペクトル博物館』）．

19世紀の終わりころから，スペクトルに現れる特徴的な吸収線や輝線に着目して星の分類が試みられ，A型，B型，…など，いわゆるスペクトル型が決められた．その後，20世紀に入って原子物理学が進展するとともに，恒星大気で起こっている物理現象の解明も進み，スペクトル型と星の表面温度（有効温度）が密接に関係していることがわかった．その結果，現在では，表面温度の順にスペクトル型を並べて，

$$O—B—A—F—G—K—M—L—T$$

としている（表10.1）．

表10.1　星のスペクトル分類

星のタイプ	表面温度 (K)	色	代表的な星
O型	3万～5万	青白	CygX-1（HD 226868）
B型	1万～3万	青白	α Vir スピカ
A型	7500～1万	青白	α CMa シリウス
F型	6000～7500	白	α UMi 北極星
G型	5300～6000	黄白	α Aur カペラ
K型	4000～5300	橙	α Tau アルデバラン
M型	3000～4000	赤	α Sco アンタレス
L型	1300～3000	暗赤	
T型	1000前後	暗赤	

ヘルツシュプルング-ラッセル図（HR図）

　横軸に星のスペクトル型（あるいは，表面温度），縦軸に星の絶対等級（あるいは，光度の対数）をとった図を，提唱者の名前をとって「ヘルツシュプルング-ラッセル図（Hertzsprung‐Russell diagram）」，あるいは省略して，単に「HR図（HR diagram）」とよぶ（116ページの図10.2）．

　星のスペクトルにはいろいろな特徴があり，その特徴によって分類されるが，D. E. ヘルツシュプルング（D. Ejnar Hertzsprung, 1873～1967）（1905年）とH. N. ラッセル（Henry Norris Russell, 1877～1957）（1913年）の研究によって，同じスペクトル型の星でも真の明るさ（光度）が違う場合があることがわかった．その結果，スペクトル型（表面温度）と絶対等級（光度）

を横軸，縦軸とする2次元の表現図が生まれたのだ。星々はHR図の上で，均一に分布するのではなく，いろいろな群れになって分布する。

まず大部分の星は，「主系列（main sequence）」とよばれる帯状の領域に分布する（図のVの線）。この領域の星——「主系列星（main sequence star）」——は，中心部で水素がヘリウムに変換する核融合反応を起こしている最中の星だ。星の一生の間で水素がヘリウムに変換する核融合反応期間が非常に長いために，多数の星を観測すると，大部分は主系列に並ぶことになる。これは，街中の雑踏をながめたときに，子どもや老人の姿よりも大人の姿が多いことと同じ理屈だ。

また，HR図の右上領域には，いわゆる「赤色巨星（red giant）」が分布する（IやIIの線）。赤色巨星は，すでに述べたように，中心部でヘリウムの灰がたまって水素の核融合がストップし，その結果，巨大に膨張して赤くなった星だ。

さらに左下には，暗くて青い「白色矮星（white dwarf）」が分布する（図のVII）。後で述べるが，星が静かに死んだときには，その中心核が白色矮星として残される。白色矮星は地球ぐらいの大きさしかないために暗いが，表面の温度は比較的高いために，HR図の上では左下の領域に分布することになるのだ。

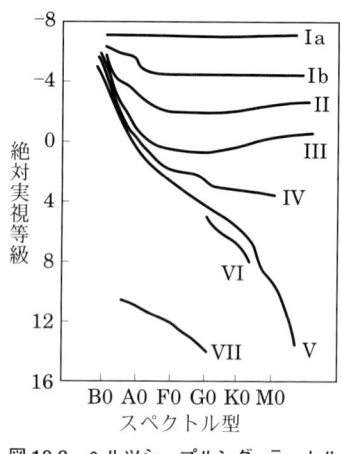

図10.2 ヘルツシュプルング・ラッセル図（HR図）．

星の進化と終末

太陽程度の星の生涯については，すでに概観した（8.3節）。すなわち，約46億年前に星間のガス雲が重力的に収縮して生まれた太陽は，一時期，原

始星として輝いた後，核融合の火を灯し，約100億年の長きにわたって，水素がヘリウムに変換する核融合反応で光り輝き続ける。そして，今から約50億年後，中心部の水素を燃やし尽くした太陽は，急激に赤色巨星へと変貌して，老いていく。その後はどうなるのだろうか。あるいは，質量が違う星の一生はどうなるのだろうか。

星の進化

主系列星の構造や寿命などは星の質量によって決まっているのだが，「星の進化（stellar evolution）」も質量によって決まっている。ここで，星の進化というのは，星間のガスが重力によって引き合い凝集して，一つのガス球 —— 星 —— となり（この段階で質量が決まる），その後，原始星，主系列星，赤色巨星，星の終末へと至る，星という一つの天体の長い長い変化の道筋のことである。とくに，星の進化の最後の段階 —— 星の終末 —— は，星の質量 M によって大きく異なるのだ（118ページの図10.3）。

星の終末

以下では，星の終末を質量範囲ごとにみてみよう。

① $M \leq 0.08$ 太陽質量

生まれたときの質量が小さすぎると，中心の温度が核反応が起こる温度（〜1000万K）に達する前に，収縮が止まってしまい，主系列星になれない。その結果，低温でほんのり光っている「褐色矮星（brown dwarf）」になる（図10.4）。収縮に伴って解放された重力エネルギーが，"星"の外部にすべて放出されてしまうと，星は冷えて暗い天体 —— 黒色矮星 —— になる。

② 0.08 太陽質量 $\leq M \leq 0.46$ 太陽質量

もう少し質量が大きいと，星間のガス雲が凝集して星として誕生した後，中心部の温度が上昇し1000万度くらいになると，水素に火が付いて核融合反応が始まる。水素がヘリウムに変換されるにつれ，中心部には燃えカスで

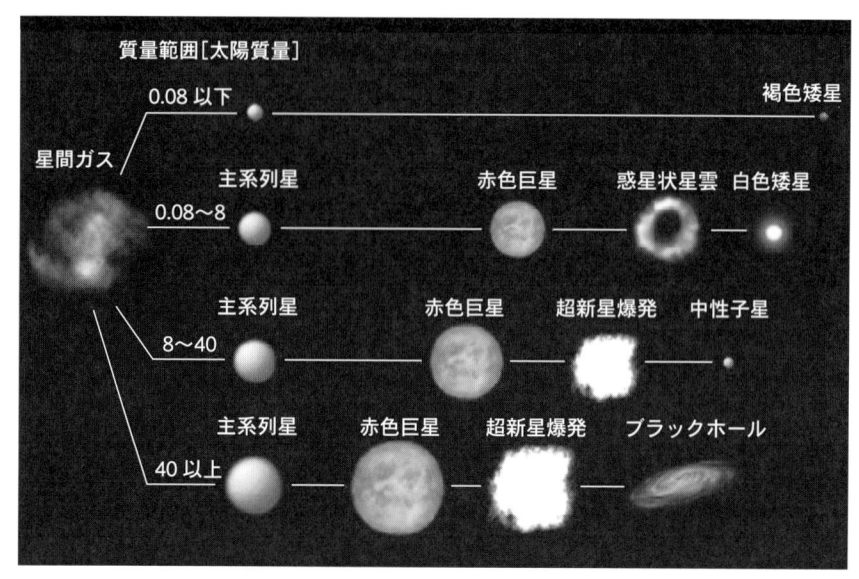

図10.3 星の質量と進化.

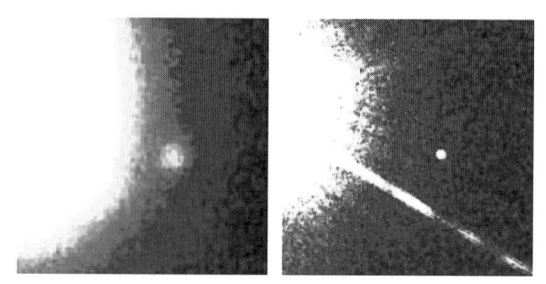

図10.4 褐色矮星グリーゼ229B（NASA/STScI）．左側の画像はパロマー天文台で，右側の画像はハッブル宇宙望遠鏡で撮影したもので，それぞれの画像の左方の大きい星がグリーゼ229Aで，中央右よりの小さな点が褐色矮星.

あるヘリウムがたまっていく．中心核（星全体の1割ぐらい）が大部分ヘリウムになってしまうと，そのヘリウム中心核は重力収縮し，一方で，水素の外層は膨張して赤色巨星となる．

　この質量範囲では，中心にたまったヘリウムに火が付く前に水素が燃え尽

きてしまい，核融合反応はそれより先の段階には進まない。水素の外層が放出されてなくなると，ほとんどヘリウムでできた白色矮星 —— ヘリウム白色矮星 —— が残る。ただし，質量の小さい星の寿命は非常に長いので，現在の宇宙年齢の間にヘリウム白色矮星の段階まで達したものはないだろう。

③ 0.46 太陽質量 $\leq M \leq 8$ 太陽質量

　質量が太陽質量前後あると，赤色巨星の段階でヘリウム中心核が収縮したときに，中心の温度が1億度くらいまで上がって，ヘリウムの灰に火が付く。そして今度は，ヘリウムが新たな燃料となって，炭素Cや酸素Oの灰をつくるという，次の段階の核融合反応が始まる。

　ヘリウム核融合によって生成された炭素や酸素が中心部にたまると，星は再び膨らみ，やがて，外層大気を星間空間にゆっくりと放出して，しばしば丸い形状をした星雲 ——「惑星状星雲（planetary nebula）」—— となる（図10.5）。"惑星状"と名付けられたのは，像の分解能力が悪い昔の望遠鏡では，丸い形をした星雲が惑星のように見えたためだが，もちろん惑星とはまったく別物である。実際，現在では，必ずしも，丸い形の惑星状星雲ばかりではないこともわかっている。惑星状星雲の大きさは1光年程度で，中心星から放射される紫外線で星雲中のガスがイオンと電子に電離され，ガス中に含まれる元素に特有の光を放射する。

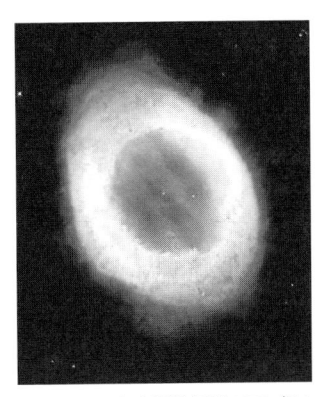

図10.5　こと座環状星雲 M57（NASA/STScI）。

　一方，重力収縮した中心核は，青白く輝く小さな星「白色矮星（white dwarf）」となる（120ページの図10.6）。これはわれわれの太陽の運命でもある。白色矮星のサイズは，太陽の100分の1（地球くらい）しかないが，質量は太陽くらいあるので，その密度は$1\,cm^3$（角砂糖）当たり1.4tにもなる。もとの星の質量が太陽質量より大きくても，進化の途中に外層を大量に放出してしまい，最終的には太陽質量程度の芯が残される。

10章　恒星の世界：星の種類と進化　119

これらに対し，太陽よりかなり重い星の最期は劇的だ。爆死するのである。いわゆる「超新星 (supernova)」とよばれるものである（図 10.7）。

④ 8 太陽質量 $\leq M \leq 30 \sim 40$ 太陽質量

さらに質量が大きい，太陽の 8 倍から 30 ～ 40 倍くらいの質量の星では，核反応は一気に鉄まで進んでしまうが，せっかくできた鉄はまわり中からエネルギー（ガンマ線光子）を吸収して，ヘリウムと中性子に分解してしまう（鉄の光分解とよぶ）。軽い元素がエネルギーを放出しながら，せっせと融合して鉄ま

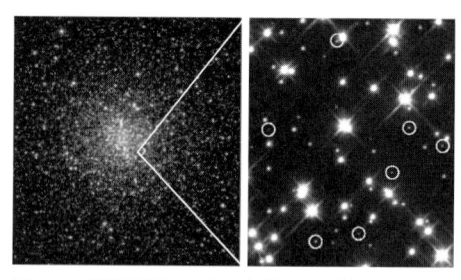

図 10.6 球状星団 M4 中の多数の白色矮星（NASA/STScI）．

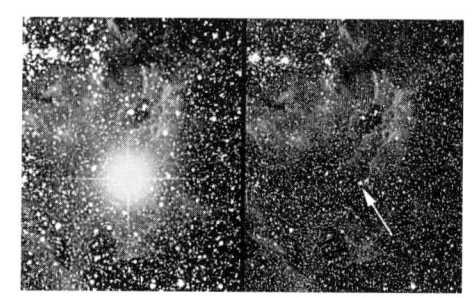

図 10.7 大マゼラン銀河で起こった超新星 SN1987A（Anglo-Australian Observatory, http://www.ast.cam.ac.uk/AAO/images/captions/aat050.html）．

できたのは発熱反応だが，そのプロセスを逆転させるのだから，この鉄の光分解は吸熱反応である。この反応は，ほんの 0.1 秒ほどしかかからない。その結果，中心核の圧力は一挙に下がって，中心核は重力圧潰して，陽子と電子は合体して中性子になり，中心核全体が中性子の塊になる。この中性子コアが形成される際に解放される重力エネルギーのうち，99％はニュートリノとして放出され，残りの 1％程度が物質にわたって爆発エネルギーとなり，外層は反動で飛び散る。ただし，鉄の光分解が熱を吸収するために，このままでは超新星爆発には至らない。

しかし，中性子でできた中心核は非常に密度が大きいため，さすがのニュートリノも素通りできずにいったんため込まれ，その大量のニュートリノが外層部に飛び出てきて，ニュートリノが運び出した莫大なエネルギーが

外層部で解放され，その結果，星全体が大爆発する。これが「重力崩壊型超新星爆発」だ。

このときは，中心には「中性子星（neutron star）」が残されると考えられているが，そのサイズは10 kmほどしかない（図10.8）。もとの星の質量は太陽の何十倍もあっても，超新星爆発の際に大部分は星間空間に飛び散ってしまい，残された中性子星の質量は太陽程度にしかならない。しかし，中性子星の半径はわずか10 kmほどしかないため，平均密度は1 cm^{3}当たり実に5億tにもなる。

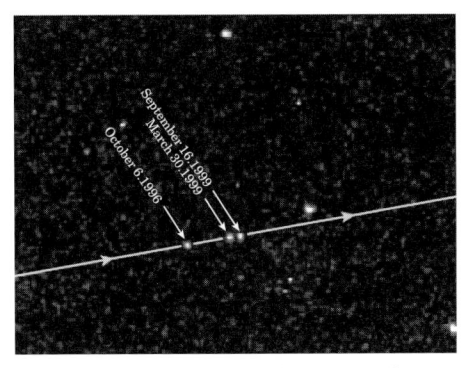

図10.8　単独の中性子星（NASA/STScI）．

⑤ 30〜40太陽質量 ≦ M

もっともっと重い星の場合，おそらく太陽の30〜40倍くらいよりも重い星の場合は，超新星爆発のときに重力圧潰した中心核は，とことんつぶれて時空の穴「ブラックホール（black hole）」にまでなってしまうと考えられている（図10.9）。最近では，超新星爆発の中でもとくに規模が大きいもので，「極超新星（hypernova）」とよばれるものが知られるようになってきた。そのような極超新星からブラックホールが誕生するのかもしれない。

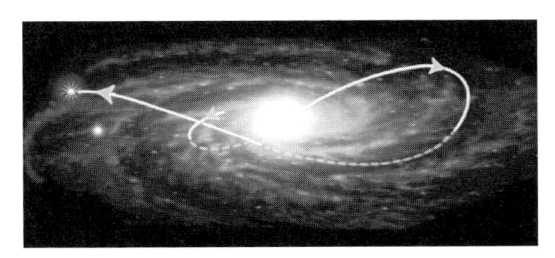

図10.9　ブラックホール天体，マイクロクェーサー XTEJ 1118+480 の予想軌道図（NRAO）．

10章　恒星の世界：星の種類と進化　｜　121

星は宇宙の錬金術師

　ここでいま一つ強調しておきたいことは，星が宇宙の錬金術師だということだ（113ページの章扉参照）。

　銀河系が生まれたころのガスはほぼ水素（ヘリウムが1割ほど）でできていたので，初期に生まれた星も水素が豊富であった。

　星の進化の過程で，水素やヘリウムが核融合し，炭素や窒素そして鉄などの重元素（水素とヘリウム以外の元素）ができる。そして，それら星の内部でつくられた重元素は，恒星風や惑星状星雲，超新星などによって，星間空間にまき散らされていくこととなる。

　そして，ときがたつにつれ，星間空間のガスは重元素をたくさん含むようになり，さらにそのガスから星が生まれていく。その結果，後の世代にできる星ほど，含まれる重元素の割合が多くなる。太陽はこのような後代の星の一つである。このような星の進化の過程で重元素が生成された結果，銀河系が生まれて約50億年後に誕生した，太陽と太陽系には，多量の重元素が存在するようになったのである。つまり，われわれの体をつくっている重元素の多く，窒素，酸素，鉄などは，すべて，かつて存在した星の内部で核融合反応によりつくられたものなのだ。言い換えれば，星の錬金術によって，水素やヘリウムから人間の材料ができたというわけである。

　というわけで，ぼくたちは文字どおり〈星の子〉なのだが，太陽のように宇宙年齢ほど長い寿命の星の子ではなく，ましてや，太陽よりも小さくて細く細く生きている星の子でもない。太陽よりも質量が大きくて，太く短く，そして情熱的に生きた星の子，なのである。

【章末問題：星の燃費】

一般的な体型の人は，1秒間におよそ100 Jの熱エネルギーを放出している。すなわち，人間の光度は約100 Wになる。人間の光度を体重で割った値と太陽の光度を太陽質量で割った値を比べて，人間と太陽と，単位質量当たりの発熱量はどっちが大きいか比べてみよ。人間と星と，どっちが燃費がいいだろうか。

11章 活動する天体：
ブラックホール降着円盤

はくちょう座
17世紀にヘヴェリウスの出版した星図。

　星形成領域における原始星近傍，連星系における白色矮星や中性子星やブラックホールのまわり，そして銀河中心核における超巨大ブラックホールの周辺など，宇宙のさまざまな場所における活動的な天体現象では，中心の天体の周辺に渦巻くガスの円盤——「降着円盤（accretion disk）」とよばれている——が存在していて，活動の中心的な役割を果たしている。ここでは，宇宙における活動現象の主体として，最近きわめて重要視されてきた降着円盤とそれを取り巻く現象を紹介しよう。

ブラックホールと降着円盤

まず，ブラックホールと降着円盤について説明しよう。

ブラックホール

平坦な空間では光線はあらゆる方向へ進むことができるが，質量などの存在によって空間の性質が変わると，光がある方向には進めるが，反対方向には進めないような特別な境界面が現れることがある。光が進めなくなる側から，その境界面を見ると，その彼方の出来事（事象）が見えなくなる地平面のようなことから，そのような境界面を「事象の地平面（event horizon）」とよんでいる。

そのような事象の地平面で取り囲まれた天体が，「ブラックホール（black hole）」である。すなわち，光はもちろん，光より遅いあらゆる物質も，いったん事象の地平面を越えてブラックホールに入ったら，決して外へ出てくることはできないし，また，ブラックホール内部の出来事をブラックホールの外からうかがい知ることはできない。

なお，ブラックホールという名前は，1967年，物理学者のホィーラー（John Archibald Wheeler，1911～2008）が名付けた。また，中国ではブラックホールを"黒洞"とよぶそうだ。

もっとも単純なブラックホールは，静的で電荷をもたない球対称なブラックホールで，「シュバルツシルト・ブラックホール（Schwarzschild black hole）」とよばれている（図11.1）。一般相対論が完成した1916年に，静的で球対称な特殊解を発見したドイツのカール・シュバルツシルト（Karl Schwarzschild，1873～1916）にちなんで名付けられた。

シュバルツシルト・ブラックホールは球状の

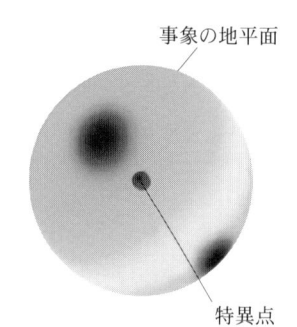

図11.1 シュバルツシルト・ブラックホールの構造．

事象の地平面でおおわれており，その半径が「シュバルツシルト半径（Schwarzschild radius）」である。この事象の地平面が，いわばブラックホールの"表面"だが，固体地球の表面や太陽の表面と異なって，事象の地平面のところにはっきりとした境界があるわけではなく，またそこで，空間の性質が急激に変わるわけでもない。

たとえば，河を滝に向かって流されている状況を思い浮かべてみると，水の中に沈んで流されている人にとっては，どの場所でも周囲は水（空間）であって，どこからが滝（事象の地平面）だという標識があるわけではない。後戻りできなくなっているのに気付いたときには，ときすでに遅く滝壺（特異点）にまっさかさまに落ち込むのみである（図11.2）。

図11.2　シュバルツシルト滝．

シュバルツシルト・ブラックホールの内部に入ると，その中心では時空の曲率が無限大になり，そこは「特異点（singularity）」とよばれている。特異点では古典的な一般相対論は破綻するため，量子重力あるいは新しい物理学を考えなければならない。この特異点は研究者の頭痛の種だが，幸い三途の川（事象の地平面）の彼方にあるために，この世に悪さはしないようだ。

では，特異点と事象の地平面の間には何があるのか？　実は何もない。いや正確にいえば，時間と空間（真空）と多少のエネルギーはあるだろうが，構造としては何もないというべきだろう。つまり，シュバルツシルト・ブラックホールは，地球や太陽などよりはるかに単純な，おそらくは宇宙の中でもっとも単純な天体なのである。

降着円盤

「降着円盤（accretion disk）」とは，原始星・白色矮星・中性子星・ブラックホールなど，重力を及ぼす天体を中心として，そのまわりを回転するガス

の円盤のことである（図11.3）。星のような丸い形状ではなく、平たい円盤状の形状をしており、ガスは円盤内を回転しながら少しずつ中心に落下する（降着する accrete）ために、"降着円盤"という名前が付いた。

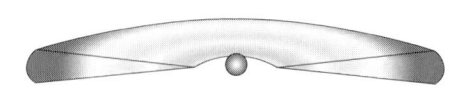

図11.3 ブラックホール降着円盤のイメージ．中心天体のまわりを渦巻くガス円盤で，中心に近いほど温度が高い．

　標準的な描像では，降着円盤は幾何学的に薄く（ようするに，平たい），軸対称な円盤状で，光に対しては不透明である．直観的には平たい星をイメージすればよい．降着円盤のガスはほぼ水素ガスだが，中心の天体のまわりを，中心の天体の重力と遠心力が釣り合った状態で回転している．回転の仕方は惑星の運動と似ている．ただし，惑星と異なる点は，ガスからできた降着円盤の場合，ガス同士が互いに接しているために，隣接するガス層の間で摩擦が強く働くことだ．

　その結果，ガスは加熱されて高温になり，ついには電磁波を放射し始める．ガスの回転速度は中心に近いほど大きいため，加熱の割合も中心ほど大きく，ガス円盤の表面温度も中心に近いほど高い．ガスはその温度に応じた電磁波を放射するので，降着円盤の外部領域では赤外線が，中心に近くなると，可視光線が，さらには紫外線やX線が放射される．このような円盤内における激しいエネルギー放射によって，さまざまな活動も引き起こされるのである．

　降着円盤は，宇宙のいろいろな階層でいろいろな領域に存在していて，宇宙におけるさまざまな活動を引き起こしていると考えられている．

ブラックホールX線連星

　X線の眼で宇宙を見始めて以来，実にさまざまな天体がX線を放射していることが発見されてきたが，それらのうちX線を出している星を，「X線星（X‒ray star）」とよんでいる．現在ではこれらのX線星の多くが，中性子星やブラックホールといった，きわめてコンパクトな天体（コンパクト星）と通常の星からなる近接連星であることがわかっている．そのため，しばしば

近接連星型X線星とか，単に「X線連星（X-ray binary）」とよばれる（図11.4）。

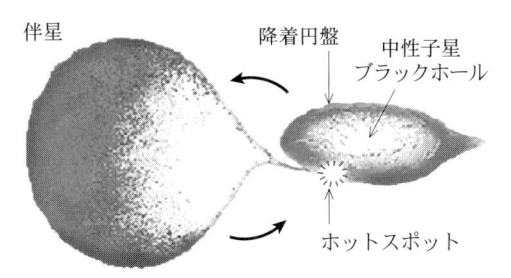

図11.4 X線連星の模式図．中性子星やブラックホールのまわりに高温のガス円盤が渦巻いている．

　主系列星や超巨星のような普通の星とブラックホールからなる近接連星系では，星とブラックホールの距離が近いため，星の外層大気がブラックホールの重力によって引き込まれ，ブラックホールの重力圏に流れ込む。連星系が公転運動をしているために，ガスはブラックホールのまわりを渦巻くように落ち込み，ついには，回転するガスの円盤を形成することになる。こうして，降着円盤ができあがるのだ。コンパクト星を含む連星で，コンパクト星が白色矮星や中性子星ではなくてブラックホールの場合を，「ブラックホール連星（black hole binary）」とよぶ。ブラックホール連星でもっとも有名なのは，はくちょう座X-1（Cyg X-1）だろう。

　このような降着円盤をもつブラックホール連星からは，しばしば高速のジェットが吹き出していることが観測されて，銀河系外の天体クェーサーとの類似性から，最近では，これらのブラックホール連星を「マイクロクェーサー（microquasar）」と称している。

> **はくちょう座 X-1 の発見**
> 　1960年代初頭，当時マサチューセッツ工科大学にいたブルーノ・ロッシ（Bruno Benedetti Rossi, 1905～1994）とリカルド・ジャコーニ（Riccardo Giacconi, 1931～）らは，X線検出器をロケットに積んで大気圏外に打ち上げた。

ロケット観測が始まるとすぐに，はくちょう座の方向にも強いX線源が存在することが発見され，"はくちょう座X-1"（はくちょう座X線源No.1）と命名された。そして1971年，はくちょう座X-1の位置に，スペクトル型がO9型の9等星が存在することが突き止められた（図11.5）。

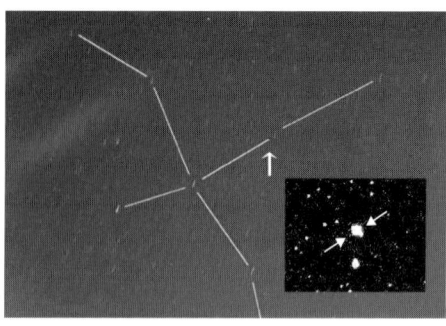

図11.5　はくちょう座とはくちょう座X-1（HD 226868）.

はくちょう座X-1の位置にあったのは，HD 226868という名前をもつ青白い星だった。ところが，太陽のような普通の星は可視光の光こそたくさん放射するが，X線や電波はあまり出さない。はくちょう座X-1のX線も，HD 226868という星自体から出ているはずはなかった。案の定，1971年の秋には，この青い星が別の天体と連星系になっていることがわかった。すなわち，青い星から放射される水素の線スペクトルの波長を精密に測定したところ，スペクトル線の波長が5.6日の周期で規則的に変動することがわかったのだ。これは連星系内で，青い星がもう一つの天体のまわりを公転運動するために，青い星から出た光が（規則的に）ドップラー偏移したためだと考えられた。5.6日の周期は連星の公転周期なのだ。

青い星の相手の天体は光では確認できなかったが，X線はこの相手の天体から出ているに違いない。すなわち，この相手の天体こそが，はくちょう座X-1の本体なのだ。そして，このはくちょう座X-1は，ブラックホールの候補の最右翼だと信じられている。その理由は，一言でいえば"質量"だ。

光で見えている青い星 HD 226868 の質量は，もし，この星が主系列星ならば，星の理論から太陽の約30倍だと考えられる。一方，光では見えない相手の天体の質量は連星系の運動の解析から見積もることができて，太陽の10倍程度だと推定される。もし，相手の天体が普通の星ならば，（太陽の30倍程度の質量の青い星が見えているのだから）当然光でも見えるはずだ。ところが，見えないということは，相手の天体が普通の星ではないことを示している。さらに，X線の詳しい観測から，はくちょう座X-1からのX線が，0.1秒から0.001秒くらいの非常に短い時間で，不規則に変動していることが発見された。こんな短時間でX線が変動するためには，X線を出している天体の大きさが非常に小さくなければならず，せいぜい300 km以下だと推定された。

質量は太陽の10倍もありながら，普通の星よりはるかに小さい天体といえば，地球くらいの大きさの白色矮星，半径10 kmくらいの中性子星，そして，ブラックホールに限られる。しかし，星の理論から，白色矮星の質量には上限があり，太陽の質量の1.4倍より重い白色矮星は存在できない。さらに，中性子星の質量も，せいぜい太陽の質量の2倍ないし3倍程度である。非常に小さく，しかも白色矮星や中性子星の質量上限をはるかに超える天体：はくちょう座X-1。この天体こそ，提唱されて何十年もの間，理論家の夢想の産物とされたブラックホールにほかならなかったのだ。
　ブラックホールを含むX線連星は，その後も何十個も発見されている（表11.1）。

表11.1　ブラックホール連星

高質量X線連星	質　量
はくちょう座X-1（CygX-1）	9.5 太陽質量以上
大マゼラン雲X-3（LMCX-3）	7.0 太陽質量以上
大マゼラン雲X-1（LMCX-1）	2.6 太陽質量以上
特異星 SS433	?
低質量X線連星	
はえ座新星 GS 1124−684	8.0 太陽質量以上
いっかくじゅう座新星 A0620−003	7.3 太陽質量以上
GS2000+25	6.4 太陽質量以上
GRO J1655+40	3.0 太陽質量以上

重力エネルギーで輝く

　はくちょう座X-1のようなブラックホールを含むX線連星でも，そのX線活動の主体は降着円盤にあるのだ。すなわち，降着円盤内をガスがブラックホールに向かって落下していくにつれ，ガスの回転速度はどんどん速くなり，ブラックホールの近傍では光速に近くなる。しかも同時に，ガス同士の摩擦によってガスの温度はどんどん高温になり，ついには数百万度，数千万度にもなって，X線を放射し始める。はくちょう座X-1などで観測されるX線は，ブラックホール自身から放射されているわけではなく，ブラックホールの近傍で高温になったガスから放射されているのである。
　このような強烈なX線放射のエネルギー源は，突き詰めていけば，ブラッ

クホールに落下していく際に，ガスがブラックホールに対してもっていた重力エネルギー（位置エネルギー）が姿を変えたものである．規模こそ異なるが，水力発電で水を落下させタービンを回して，水の位置エネルギーを電気エネルギーに変換するのと仕組みは同じだ．

宇宙ジェット

　中心の天体から，天体をはさんで双方向に吹き出す細く絞られたプラズマの流れを，「宇宙ジェット（astrophysical jet）」とよんでいる．

　中心の天体は，原始星や中性子星，さらにはブラックホールなど，場合によって異なるが，その中心天体を取り巻いて降着円盤が存在しており，降着円盤のガスの一部が，ガスの圧力や放射圧や磁場の力などいろいろな原因によって，円盤面と垂直方向に噴き出したものだと考えられている（図11.6）．

　宇宙ジェットは最初，活動銀河において発見された．すなわち，クェーサーや電波銀河において，中心核のほんの1光年程度の領域から，銀河本体を中心として双方向に，はるか100万光年もの長さにわたって，銀河間の虚空を貫いて吹き出す電波構造として発見されたのだ．また，特異星SS433とよばれる通常の恒星とコンパクト星からなる近接連星系においては，コンパクト星の周辺に形成された降着円盤から，実に光速の26％（約78000 km/s）もの速度でジェットが噴き出していることが観測されている．星間に広がる分子雲の中で生まれたばかりの原始星周辺からも，双極ジェットとよばれる毎秒10数kmのガス流が噴き出している．

　宇宙ジェットや降着円盤は，重力天体の周辺で生じる動的な段階に伴って現れる普遍的な現象だと思われるようになってきている．

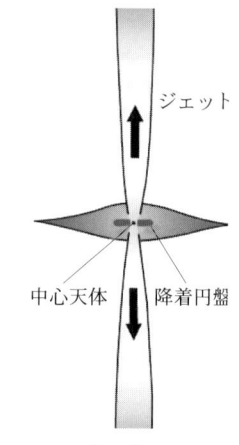

図11.6　宇宙ジェットの模式図．

ジェット天体 SS433

　特異星 SS433 のジェットは 1978 年に発見された（図 11.7）。特異星 SS433 は，わし座の領域で約 16000 光年の距離にある 14 等級の星である。詳しい観測から，SS433 天体は通常の恒星とおそらくはブラックホールからなる近接連星系で，ジェットはブラックホールのまわりに形成された降着円盤から吹き出しているらしい。驚くべきことは，SS433 ジェットの速度がなんと光速の 26 ％（毎秒 78000 km）にも達していることだ（図 11.8）。

図 11.7　特異星 SS433（大阪教育大学）．

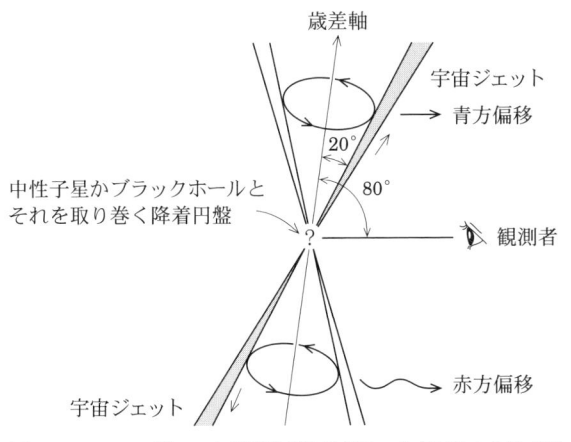

図 11.8　SS433 ジェットの運動学的モデル．中心天体から吹き出す高速のジェットは，地球の方向と約 80°傾いた歳差軸のまわりを，約 20°の歳差角で歳差運動している．

マイクロクェーサー

　ごく最近になって，われわれの銀河系内のコンパクト星の周辺でも，活動銀河中心核で観測されてきたのと同様な，きわめて高速の宇宙ジェット現象が見つかり始めた。

11 章　活動する天体：ブラックホール降着円盤

たとえば，1992年，銀河系中心領域のX線源1E1740-2942から双方向に向けて伸びる電波ジェットが発見された。ジェットの長さはおよそ1分角，実長にして6光年かそこらである。さらに1994年以来，X線源GRS1915+105（距離およそ4万光年）やGRO J1655-40など，類似の高速ジェット天体が見つかっている（図11.9，表11.3）。この2天体では，ジェットの速度は光速の92％にも及ぶ。

表11.3　系内ジェット天体

天体	ジェットの速度
特異星 SS433	$0.26c$
はくちょう座 X-3（Cyg X-3）	$0.3c$
1E1740.7-2942	$0.27c$?
GRS1915+105	$0.92c$
GRO J1655-40	$0.92c$

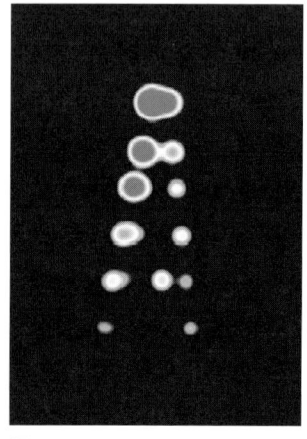

図11.9　マイクロクェーサー GRS 1915+105（NRAO）．

　これらの天体は，ジェットの速度が亜光速であること，中心がX線源であるように非常にエネルギーが高い現象であること，中心天体はブラックホールである可能性が高いこと，などから，クェーサーのミニチュア版だといわれており，最近では，「マイクロクェーサー（microquasar）」などとよばれることも多い（マイクロは100万分の1）。

　マイクロクェーサーの謎を解き明かすことは，ブラックホールシステムの謎に迫ると同時に，本家である宇宙の彼方のクェーサーの謎を解くことにもつながる。そのような理由から，マイクロクェーサーが発見されて以来，集中的に観測されてきているのだ。

ガンマ線バースト

現在の宇宙でもっともエネルギーが高くて激しい現象の一つが，宇宙の彼方で起こっている「ガンマ線バースト（gamma‒ray burst）」だろう。これはエネルギーの高い電磁波であるガンマ線の領域で，20秒くらい続く爆発現象である（図11.10）。

このガンマ線バーストを最初に見たのは，実は軍事衛星である。米ソの冷戦時代には，大気圏や地上などで起こった核爆発を探知するために軍事衛星が打ち上げられた。これらの探知衛星は，核爆発に伴う高エネルギー放射を検出する装置を備えている。

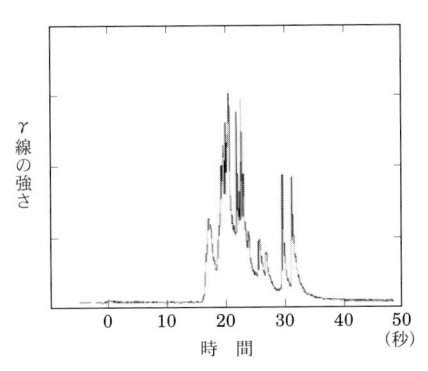

図11.10 ガンマ線バースト（NASA）．

そして1963年11月に，米空軍の核実験探知衛星ベラ・ホテル2号が，地上ではない宇宙の方向で，ガンマ線の爆発現象が起こっていることを"発見"していた。ガンマ線バーストが詳しく調べられるようになったのは，1991年4月に，スペースシャトルアトランティスが軌道上にガンマ線観測衛星「コンプトン天文台」を投入してからだ。ガンマ線バーストは，あらゆる方向でまんべんなく発見されたので，大部分は宇宙の彼方の現象であることがわかった。

さらに1997年になって，ガンマ線バーストが，X線・可視光・電波などの領域で残光を伴っていることが発見された。そして，これらの残光の観測によって，ガンマ線バーストの発生源が詳しく突き止められたのだ。そしてその結果，大部分のガンマ線バーストは，100億光年も彼方の現象であることがはっきりしたのである。またいくつかについては，超新星と関連していることが明らかになってきた（たとえば，SN1998bwなど）。さらに，ガンマ線バーストGRB030329などでは，超新星と似たスペクトルも観測されている。

ガンマ線バーストの実体は，ほぼ光速で膨張する爆発現象——「ファイアボール」とよばれる——だと思われているが，ファイアボールのでき方などはよくわかっていない。一つのシナリオとしては，非

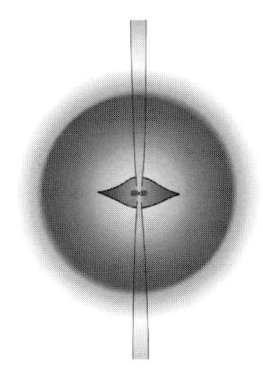

図11.11 大質量星の重力崩壊とガンマ線バースト．

11章 活動する天体：ブラックホール降着円盤

常に重い星が重力崩壊して超新星となるとき，何らかの原因によって，中心核にファイアボールが生じ，さらに何らかの理由によって，中心核から高温のプラズマがジェット状に吹き出るのではないかと推測されている。崩壊しつつある外層を貫いて噴出するジェットの速度は，光速の 99.999 ％にも達しており，正面方向からジェットを観測すると，非常に高エネルギーのガンマ線バーストとして見えるのだろう，と考えられつつある（図 11.11）。

【章末問題：ブラックホールの種類】
ブラックホールにはシュバルツシルト・ブラックホール以外にも，いろいろな種類がある。調べてみよ。

12章　天界の大河：天の川銀河の構造

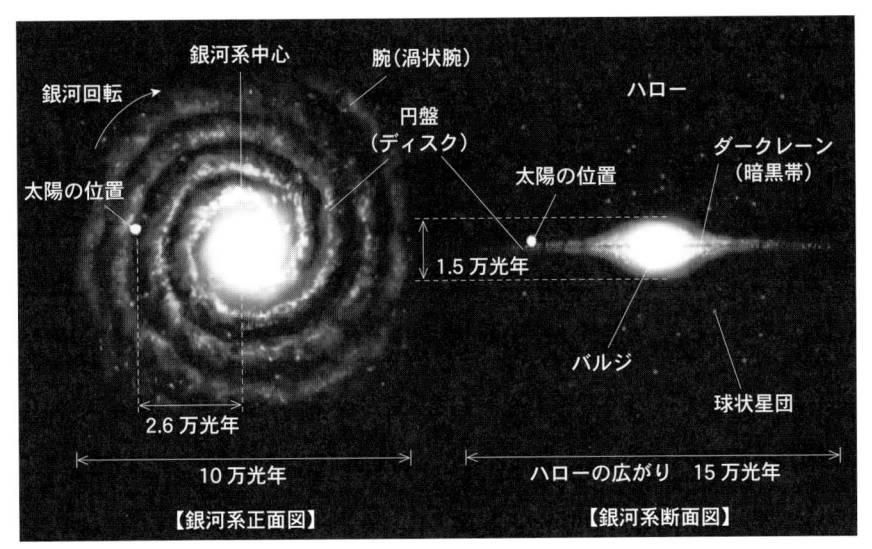

天の川銀河/銀河系の想像図

　多数の星や大量の星間物質が集まった巨大な集合体を，今日「銀河（galaxy）」とよんでいる。地球や太陽系の存在する「銀河系/天の川銀河（The Galaxy/Our Galaxy/Milky Way）」も銀河の一つだ。この「銀河」は天上を流れる銀を散らしたような河の意味で，本来は，今日の銀河系・天の川銀河を表していた（"あまのかわ"が日本古来のやまと言葉）。しかし，銀河系と同じ規模の星の大集団が続々と発見されて，全部が銀河になったため，われわれの住んでいる銀河を，特別に「銀河系」とよぶようになった。今日では，天の川，銀河系などは固有名詞だが，銀河は普通名詞として使われる。

　また，英語のgalaxyのgalaはギリシャ語で乳の意味である。ゼウスの嫁さんのヘラが，ゼウスが他の女に産ませた子どものヘラクレスに乳をやったとき，ヘラクレスがヘラの乳を鷲づかみにしたために乳がほとばしってしまって，それが天上に流れてできたもの，それがgalaxyというわけだ。

　ここでは，天の川銀河の概要と力学，そして中心核活動を紹介しよう。

天の川俯瞰

　天の川銀河/銀河系の姿は，135ページの章扉のようなものだと想像されている。約2000億個の星と星間ガスや星間塵などの星間物質が，半径約5万光年で厚みが数千光年の円盤状に集まって，中心のまわりをゆっくりと回転している。中心部分の星が密集した核恒星系は，少し膨らんで約1万光年の厚みがあるため，「バルジ（bulge）；膨らみの意味」とよばれている。平たい円盤部分は，そのまま円盤部あるいは「ディスク（disk）」とよばれる。銀河系を上から見ると，明るい星々によって彩られた，きれいな「渦状腕（spiral arm）」がわかるはずだ。

　また，横から見ると，円盤部に存在する多量のチリ（ダスト）のために，黒い帯「ダークレーン（dark lane）」が浮き上がるだろう。さらに，バルジとディスクを含んで銀河系全体を取り囲んで広がった領域を，「ハロー（halo）；暈の意味」とよんでいる。ハロー領域には，球状星団が散らばっている。太陽は銀河系の中心から3万光年弱のところに位置している何の変哲もない星で，中心のまわりを約2億年かけて一周している。太陽系が誕生してから約46億年たっているので，中心のまわりを23周ぐらいした勘定になる。以上のような銀河系のデータを，表12.1にまとめておこう。

表12.1　銀河系のデータ

物理量	数値
ディスクの直径	約10万光年
ハローの直径	約15万光年
ディスクの厚み（中心部）	約1.5万光年
ディスクの厚み（太陽近傍）	約0.2万光年
太陽位置（中心からの距離）	約2.6万光年
太陽近傍の銀河回転速度	約220 km/s

　銀河系をつくっている無数の星々は，一様に分布しているのではなく，一部は星団として集まっている。また，星間のガスやチリも一様ではなく，星

雲などの形で存在していることも少なくない。星間空間には，高エネルギーの宇宙線や磁場や放射も飛び回っている。さらに，星やガスのような目に見える物質以外に，銀河には光で観測できない物質，いわゆる「暗黒物質（dark matter）」が，光で観測できる物質の約10倍くらい存在していると考えられている。

星　団

星はしばしば重力的に結び付いた連星や多重星になっているが，数百から数十万個の星が重力的に結び付いた集団を「星団（star cluster）」とよぶ。星団は，大きく散開星団と球状星団に分けられる（図12.1，表12.2）。

前者の「散開星団（open cluster）」は，数百から数千個の星からなる比較的ゆるい集団で，わりと最近生まれたばかりの若い星からできている（138ページの図12.2）。銀河面内に分布するために，「銀河星団（galactic cluster）」

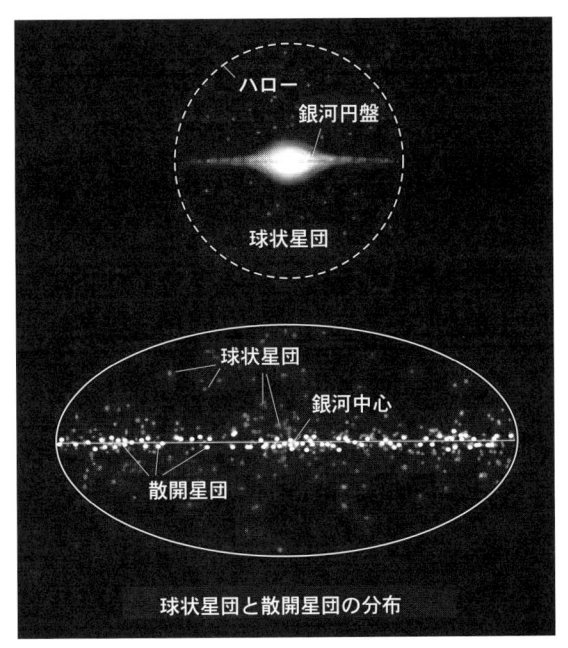

図12.1　銀河系における星団の分布図．

表12.2　星団のデータ

天体名	固有名	等級	距離（光年）	視直径
散開星団				
M 45	プレアデス		408	120'
M 44	プレセペ		515	～90'
球状星団				
M 13		6.4	23500	
47Tuc		4.8	15200	

とよぶこともある。

　後者の「球状星団（globular cluster）」は，数十万個の星が球状に集まった天体で，星団を構成する星の年齢は古い（図12.3）。球状星団は銀河円盤を取り巻くハロー領域に分布しており，銀河とほぼ同時に誕生したものだと考えられている。

図12.2　（上）散開星団 M50（NASA）．
図12.3　（左）球状星団 NGC6093（NASA/STScI）．

星　雲

　宇宙空間は完全な真空ではなく，わずかながら，希薄なガス物質やダスト微粒子，そして放射や磁場が存在している。銀河系内の星間空間では，ガス

物質の平均的な密度は，1 cm³ 当たりに水素原子が 1 個程度だ。このような星間空間の中で，ガス密度が平均よりも比較的高い領域を「星雲（nebula）」とか「星間雲（interstellar cloud）」とよんでいる（表 12.3）。なお，ラテン語で nebula は，霧，靄の意味である。複数形は nebulae になる。今ごろは使わないが，かつては，星雲のことを「星霧」とよんだこともある。

表12.3　星雲のデータ

天体名	固有名	距離（光年）	視直径
M 42	オリオン大星雲	1500	35'
NGC 2237	バラ星雲	4600	60'
M 57	こと座環状星雲	2600	～ 1'
M 1	かに星雲	7200	～ 5'

星間雲は，ほぼ水素ガスと微量のチリ（ダスト）からできているが，しばしば温度が絶対温度で 100 K くらいしかないため，そのときには可視光はほとんど出さない。しかし，星間雲の近くに明るい星があると，星間雲に含まれるダストが星の光を反射して光ることがある。それを「反射星雲（reflection nebula）」とよぶ（図 12.4）。反射星雲で有名なのは，すばる（プレアデス星団）の周辺に広がる反射星雲 M45 だろう。

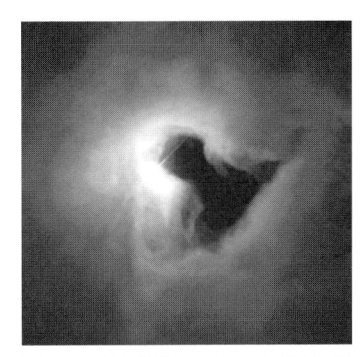

図12.4　反射星雲 NGC1999（NASA/STScI）．

もし，星間雲の近くに O 型星や B 型星があると，それらの星から発する強い紫外線のために，水素ガスが電離してしまう。波長が 91.2 nm よりも短い紫外線が当たると，陽子と電子の結合が解かれて，水素原子の陽子と電子はバラバラになって「電離状態（ionized state）」（「プラズマ状態」）になってしまうのだ。電離した水素プラズマは一方で再結合するが，量子力学的な理由から，放出される光の波長はとびとびのものとなる。光を色に分解したスペクトルの上では，輝く線のように見えるので，「輝線（emission line）」

とよばれる。そして水素の場合は，可視光では赤い色の領域で何本もの輝線を放出する。こうして，高温星のまわりの水素ガス雲は，主に赤い光を放射して輝くことになる。これが「輝線星雲（emission nebula）」である（図12.5）。輝線星雲で有名なのは，オリオン大星雲だろう。

通常の星間雲の密度は，1 cm^3 に 10 水素原子くらい（宇宙空間の平均の 10 倍くらい）なので，星の光は透け透けで見える。しかし，水素原子の密度が高くなると，具体的には 1 cm^3 に 100 個から数百万個くらいになると，十分濃くなって，星の光が通過できなくなる。このようなガス密度の高い星間雲は，温度が低く自分で光ることはないが，背後の星や明るい星雲の光をさえぎって黒っぽいシルエットとして浮き上がって見えることがある。それが「暗黒星雲（dark nebula）」だ（図12.6）。

暗黒星雲は通常の星間雲よりさらに低温で，絶対温度で 10 K ほどしかない。代表的な暗黒星雲には，馬頭星雲（Horsehead Nebula）やコールサック（coalsack）などが知られている。

星雲はたいてい，イビツでひずんだ形状をしているものだ。まぁ，雲というものは，そういうものだ。ところが，そのような星雲の類の中で，唯一，形の整った比較的丸い形状のものがある。それが「惑星状星雲」

図 12.5　ばら星雲（NASA/STScI）．

図 12.6　VLT で撮影した馬頭星雲（ESO）．

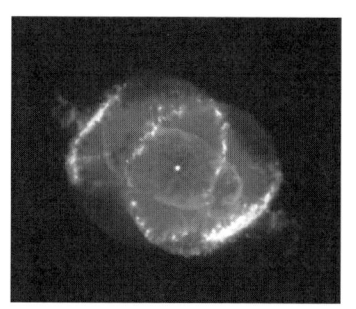

図 12.7　キャッツアイ星雲（NASA/STScI）．

である（図 12.7）。

惑星状星雲の大きさは 1 光年程度で, 3 万 K 程度の温度の中心星（白色矮星）から放射される強い紫外線によって星雲中のガスが電離され, ガス中に含まれる元素に特有の輝線を放射している。成因については, 11 章で述べたとおりである。惑星状星雲としては, こと座の環状（リング）星雲, あれい星雲などが有名だ。

太陽よりも数倍以上重い星が, その最期に超新星爆発を起こしたとき, 爆発はすさまじく, 太陽が 100 億年かかって放出するエネルギーに匹敵する量のエネルギーを, ほんの数日で放出する。そのため, 周囲の星間ガスに爆発の衝撃が伝わり, ガスや磁場が掃き集められていったものが「超新星残骸（supernova remnant）」だ（図 12.8）。

図 12.8　可視光で見た超新星残骸かに星雲（大阪教育大学）.

有名な超新星残骸である"おうし座"にあるかに星雲（Crab nebula）は, 1054 年に観測された超新星爆発の名残で, 中心には中性子星かにパルサー（Crab pulsar）が残っており, 1968 年に 33 ミリ秒でパルスを発する天体として発見された。

銀河系中心いて座 A*

われわれの銀河系の中心――「銀河系中心（The Galactic Center）」――は, いて座の方向にあり, 天の川の中でももっとも明るい領域である（142 ページの図 12.9）。銀河系中心は, いて座の方向（赤経 17 時 46 分, 赤緯 $-28°56'$）にある「いて座 A スター（Sgr A*）」とよばれる強い電波源で, 太陽系から銀河系中心までの距離は約 28000 光年（8.5 kpc）と見積もられている。

銀河系中心は, 銀河系外の銀河 M 87 や M 31 に比べればはるかに近い。

図 12.9 COBE 衛星によって近赤外で撮像した銀河面（NASA）．全天を楕円形の図に投影したもので，画像の上下の方向が銀河系の極方向，左右の端が銀河系中心とは反対方向になり，画像の中央が銀河系中心方向にあたる．

にもかかわらず，銀河系の中心は銀河系内に存在して光をさえぎっている星間塵のベールに深く包まれており，長い間，人間の手が触れないところだった．しかし，赤外線や電波は光よりも波長が長いため，チリによって吸収されたり散乱されたりしない．そこでこれらを使うと，ずっと向こうまで見通すことができる．また，X 線の検出器の感度が上がり，X 線でも遠くまで細かい構造が見えるようになってきた．これら電波・赤外・X 線天文学の進展によって，銀河系の中心もようやく"見えて"きたのだ．それによると，われわれの銀河系の中心は，なかなか騒がしい場所であるようだ．

銀河系内の星や星団の分布や運動の解析などから，銀河系中心の位置はおおよそ推定されていたが，第二次世界大戦後，電波天文学が開幕してすぐに，いて座の方向から強い電波がきていることがわかり，銀河系中心が発見された．そして，いて座（Sgr）でもっとも強い電波源という意味で，いて座 A 電波源（Sgr A）と名付けられた．

その後，電波望遠鏡の分解能の向上によって，いて座 A は数光年程度の大きさのいて座 A ウェスト（真の銀河系中心）と，そのそばのいて座 A イースト（おそらく，銀河系中心近傍の超新星残骸）という，二つの成分に分解された．さらに，分解能が向上した電波干渉計システムによって，1970 年代中ごろに，銀河系中心は非常に小さな電波源と認定され，星のように小さいという意味で，いて座 A^*（スター）と名付けられたのだ．

実際，電波干渉計システムの分解能が格段に向上した結果，いて座 A^* の広がりが 10 天文単位程度しかないことがわかっている．

図 12.10 は，ハワイのマウナケア山頂に建設されたケック 2 望遠鏡に中間赤外カメラ MIRLIN を装着して撮影された，銀河系中心部の赤外線画像である．差しわたしは約 1.5 光年，今までに撮像された銀河系中心部の赤外線画像の中では，もっとも鮮明なものだろう．

　赤外線で見ると，銀河系中心部には，多数の赤外線源が存在しているのがわかる．これらの多くは，非常に明るい M 型赤色超巨星である．たとえば，図の真ん中より少し上に光っている第 7 赤外線源 IRS7 は，画像の中で見ると控えめに輝いているだけだが，実際には，太陽の 10 万倍以上も明るい赤色超巨星なのである．

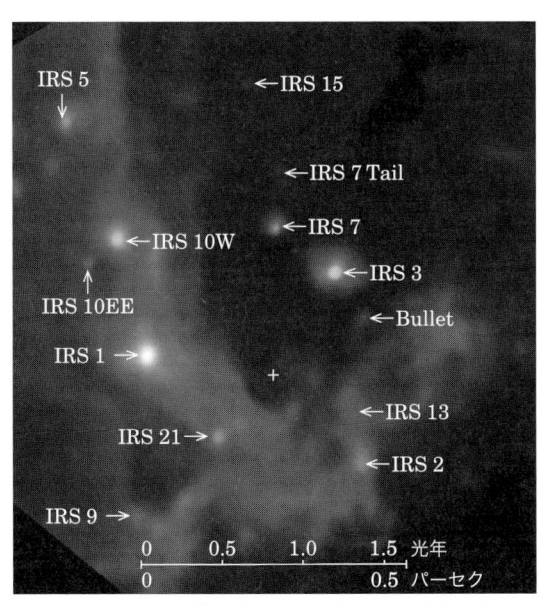

図 12.10　無数の赤外線源（NASA/JPL）．約 1.5 光年四方．中央下の十印が，いて座 A* の位置．

　銀河系中心に存在するモンスターの体重測定も，さまざまな手法を用い，長年にわたって取り組まれてきた．

　すでに，1970 年ころには，銀河系の中心には巨大なブラックホールが存在するだろうという指摘がされていたが，観測的にも 1980 年ころには，重

い質量源 —— 巨大なブラックホールがありそうなことがわかってきた。たとえば，初めて赤外線で銀河系中心近傍の星間ガス雲の観測が始まったときだ。電離ガス雲に含まれるネオンは赤外線の領域で輝線を発しているが，この赤外線輝線スペクトルのドップラー偏移を解析することによって，電離ガス雲の運動状態がおぼろげにわかり始めた。そして，電離ガス雲が銀河系中心のまわりを回転運動しているらしいことがわかってきたのである。中心からの距離と回転速度がわかれば，重力と遠心力が釣り合うという条件から，中心に存在する質量を見積もることができる。

このようにして，銀河系の中心には太陽の100万倍から1000万倍という質量が存在しているらしいことが推測されるようになった。その後，1980年代から1990年代にかけて観測が進展し，銀河系中心に必要な質量の値が求められてきた。

従来の方法は，主に，多くの星やガスの運動を解析して統計的に銀河系中心の質量を推定するものだが，銀河系中心を公転する個々の星の固有運動（さらには，軌道運動）が観測されれば，力学的にはより明確に質量が推定できる。また，より中心近傍の星やガスの運動が解析できれば，中心の質量の推定もさらに詳しくできるようになる。

たとえば，1995年から，ハワイのマウナケアのケック10m望遠鏡を用いて，銀河系中心近傍の星の固有運動を測定し始めていたゲッツ（A.M. Ghez）たちは，100近くの星の固有運動を発見して，さらにそのうちの三つの星は軌道運動していることを突き止めた（2000年，図12.11）。三つの星は，一つの重力源 —— Sgr A* —— のまわりを楕円軌道で公転運動していたのである。中心からの距離は，見かけのサイズで0.1秒角程度，実距離で0.016光年（1000天文単位）程度である。軌道までわかれば，中心の質量を推定するのは容易である。その結果，ゲッツたちが推定した銀河系中心は超巨大ブラックホールであり，その質量は，

　　　　230万から330万太陽質量

となった。

一方で，1990年代前半から，チリにあるヨーロッパ南半球天文台ESOの

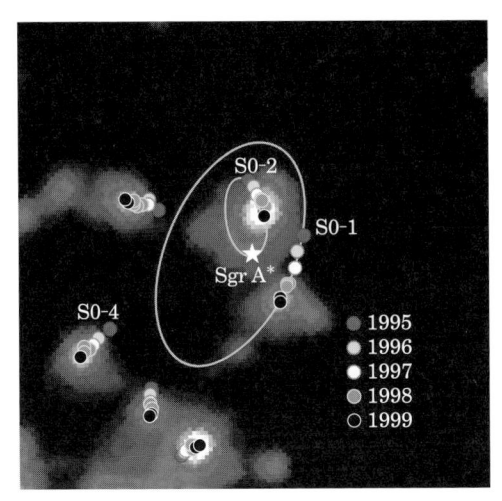

図 12.11 銀河系中心いて座 A* のまわりを軌道運動している星 (http://www.astro.ucla.edu/~ghez/gc_nat.html)．いくつかの星の位置変化と予測軌道が描いてある．図 12.10 のざっと 100 分の 1 の領域．

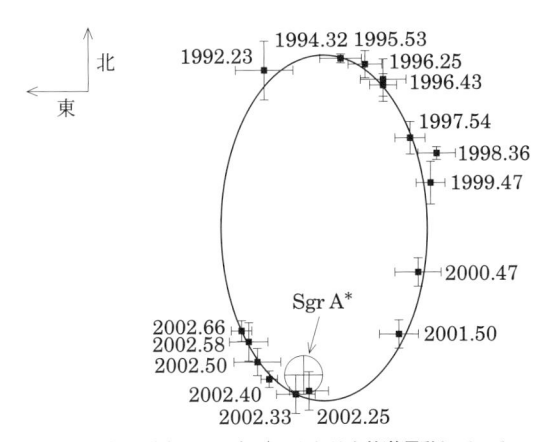

図 12.12 銀河系中心いて座 A* のまわりを軌道運動している S2 星の軌道 (http://burro.astr.cwru.edu/Academics/Astr222/Galaxy/Center/sagastar.html)．

12 章　天界の大河：天の川銀河の構造 | 145

NTT望遠鏡やVLT望遠鏡を用いて，やはり銀河系中心近傍の星の固有運動を測定していたゲンツェル（R. Genzel）とエカルト（A. Eckart）たちは，S2と名付けられた星の長期間にわたる測定結果を発表した（2002年，145ページの図12.12）。彼らの得たデータは，11年にわたる軌道全体の3分の2にも及ぶもので，精度は格段に上がった。具体的には，モンスターをめぐるS2星の軌道要素は，公転周期が15.2年，軌道離心率が0.87，軌道長軸の長さが0.119秒角（1000天文単位）ということがわかったのだ。さらに，S2星の運動から推定された銀河系中心の超巨大ブラックホールの質量は，

　　　370万±150万太陽質量

となった。後日，ゲッツたちのグループも，

　　　370万±20万太陽質量

という修正値を出している（2005年）。

　ということで，約370万太陽質量というのが，現時点における，われわれの銀河系中心に巣くうモンスターの，一番もっともらしい体重推定値である。さて，370万太陽質量のモンスターの直径は約0.15天文単位。あと一歩で，モンスターご本尊を拝むことができそうだ。

【章末問題：いて座A*の質量】
銀河系中心のモンスター，いて座A*の質量を求めてみよ。

13章　銀河の領域：銀河の分類と活動

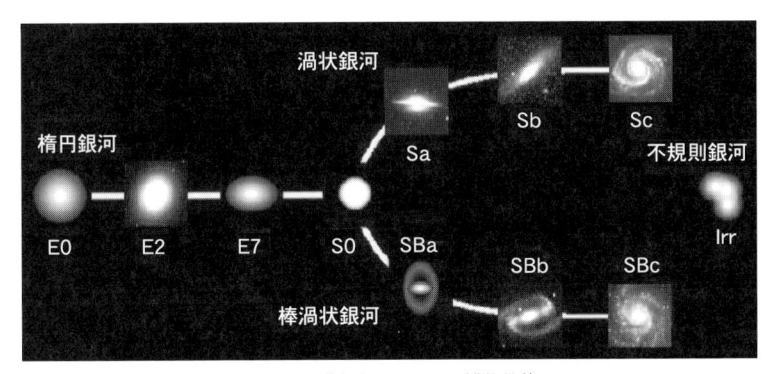

銀河のハッブル分類（粟野諭美ほか『宇宙スペクトル博物館』）
さまざまな形状の銀河を形態の違いに合わせて音叉型に配置したもの。

　普通の銀河——ここではとくに「通常銀河（normal galaxy）」とよぶ——は，約1000億個の星と多量の星間ガスや塵の巨大な集合体である。通常銀河の明るさは，それを構成する星の明るさを合わせた程度であり，それより上でも下でもない。また，スペクトル的には可視光の波長の光が強く，電波やX線はほとんど出ていない。さらに，銀河はきわめて巨大なシステムであるので，その明るさが急激に変化したりすることもない。形状的には，楕円状をしたもの（楕円銀河）やきれいな渦巻状のもの（渦状銀河）や不定な形状（不規則銀河），そして小さなもの（矮小銀河）などがある。一方，このような通常銀河に対して，中心核やその他の領域がきわめて活発な活動を示している一群の銀河が存在しており，それらを「活動銀河（active galaxy）」と総称している。
　ここでは，銀河および活動銀河について，全体像をまとめておこう。

いろいろな銀河

　銀河には，形態学的にいろいろな形をしたものがある。エドウィン・ハッブル（Edwin Powell Hubble，1889〜1953）は，銀河の形状に着目して，その見かけの形状によって銀河を，楕円銀河（E），レンズ状銀河（S0），渦状銀河（SまたはSA），棒渦状銀河（SB），不規則銀河（I）に大別し，さらにそれらを，音叉型のダイアグラムに並べて形態分類した（147ページの章扉参照）。それを「ハッブル分類（Hubble classification）」とよび，ダイアグラムを「ハッブル系列（Hubble sequence）」とか「ハッブルの音叉図（Hubble diagram）」などとよぶ。

楕円銀河

　銀河の一種で，多数の星が球状あるいは楕円体状に集まったものが「楕円銀河（elliptical galaxy）」だ（図13.1）。記号ではEで表す。星の分布は中心部ほど高いが全体としてはなめらかである。楕円銀河の構造はあまりはっきりしないが，中心部を「中心核/コア」，周辺部の広がりを「ハロー」とよぶ。

図13.1　楕円銀河M49（大阪教育大学）．

渦状銀河

　銀河の一種で，星が円盤状に集まった円盤銀河のうち，渦状構造やリング構造のようなきれいなグランドデザインをもつものを，「渦状銀河（spiral galaxy」とよぶ（図13.2）。記号はSで表す。すでに述べたように，円盤銀河の基本構造として，星が主に分布する円盤部/ディスクと中心部のバルジおよび中心核と周辺部のハローがある。

　さらに，渦状銀河の円盤部では，しばしば明るい星々がきれいな2本の渦

図13.2　左の画像：渦状銀河アンドロメダ銀河 M 31（大阪教育大学）．伴銀河 M 32（中央左側の丸い銀河）と M 110（右下の楕円銀河）も写っている．右の画像：棒渦状銀河 NGC 1300（大阪教育大学）．

巻状に分布した，いわゆる「渦状構造（spiral structure）」をしている．このような構造を「グランドデザイン（grand design）」とよぶこともある．渦巻きの腕のことを「渦状腕」とよぶが，2本が普通だが3本のこともあるし，腕の間に橋がかかっていることもある．渦状構造が中心部が棒のかたちをした「棒状構造（bar structure）」になっている場合もある．

不規則銀河

銀河のうち，楕円銀河，レンズ状銀河，渦状銀河・棒渦状銀河などの分類に当てはまらないもので，不規則な形状をした銀河を「不規則銀河（irregular galaxy）」とよぶ．記号は Irr で表す．

銀河系の伴銀河の一つ，小マゼラン銀河が不規則銀河 Irr である．またかつては，大マゼラン銀河も Irr に分類していたが，最近では棒渦状銀河 SBm ということになったらしい．

また，典型的な銀河に比べて，かなり小さい銀河を「矮小銀河（dwarf galaxy）」という（図13.3）．矮小銀河は暗いためよく調べられ

図13.3　矮小銀河 Leo I（David Malin/AAO）．

13章　銀河の領域：銀河の分類と活動

てこなかったが，案外と数も多く，また，予想に反して活発に星が生まれている場合もあるようだ。ひょっとしたら，宇宙には小さくて暗い矮小銀河が思ったよりもたくさんあるのかもしれない。

銀河の形態で，通常よく見られる形状以外に，ジェット状構造や爆発状構造その他，特異な構造を示す銀河を「特異銀河（peculiar galaxy）」と総称する。たとえば，おとめ座銀河団の中心に位置する巨大楕円銀河 M 87 は，楕円銀河のコアやハロー構造以外に，中心部からジェットが噴き出ているので，特異銀河でもある。また，円盤銀河 M 82 は爆発的にガスが噴き出ている構造を示すので，やはり特異銀河である。特異銀河の多くは，後で述べる活動銀河である。

以上，銀河のデータについて，表 13.1 にまとめておこう。

表 13.1 銀河のデータ

天体名/固有名	等級	距離	視直径	型
LMC/大マゼラン銀河	0.6	16 万光年	$650' \times 550'$	SB
SMC/小マゼラン銀河	2.8	20 万光年	$280' \times 160'$	SB
M 31/アンドロメダ銀河	4.4	230 万光年	$180' \times 63'$	SAb
M 51/子持ち銀河	9.0	2100 万光年	$11' \times 8'$	SAbc
M 87/Vir A	9.6	5900 万光年	$7' \times 7'$	E0
電波銀河 Cyg A	15.1	$z = 0.056$	−	cD
クェーサー 3C273	12.9	$z = 0.158$	−	QSO

z：赤方偏移

銀河の活動

通常の銀河に比べて，中心核が非常に明るかったり，強い電波や X 線を出していたり，数十日とか 1 年のタイムスケールで明るさが変動したり，ジェットなどの特異な構造を示していたり，その他，中心核などがきわめて活発な活動をしている一群の銀河を「活動銀河（active galaxy）」とよんでいる。活動銀河に対して，普通の銀河を「通常銀河（normal galaxy）」とよぶ

ことがある.

また,活動銀河の活動はしばしば銀河の中心核で生じているので,その場所までローカライズするときには,「活動銀河(中心)核 AGN (active galactic nuclei)」とよぶことも多い.

活動銀河には,その活動の観測的特徴から,セイファート銀河,スターバースト銀河,LLAGN,LINER,電波銀河,クェーサー,ブレーザーなど,さまざまなタイプがある.これらは,あくまでも観測のある側面を見た名前なので,お互いに独立ではなく,しばしば重なり合っている.

現在の描像では,活動銀河の中心には太陽の 1 億倍程度もの質量をもち,胴回りが地球軌道を越えるほどの超巨大なブラックホールが存在していて,その周辺には,半径 1 光年にもなる巨大な光り輝くガス円盤 —— 降着円盤 —— が渦巻いており,それらの超巨大ブラックホール=降着円盤システムが,活動銀河のエネルギー源だと考えられている(図 13.4).降着円盤の周囲を取り囲むようにして,半径 10 光年くらいのリング状領域には,中心部をおおい隠すようなダストの多いガストーラスがあるかもしれない.また,降着円盤の中心部,超巨大ブラックホールのすぐそばからは,光速に近い速度でプラズマガスが噴出しており,銀河間空間に 100 万光年にもわたって延びる宇宙ジェットを形成している.以上のような,活動銀河のイメージが自信をもってスラスラ描けるようになってきたのは,この 10 年ほどのことだ.

以下では,代表的な活動銀河について,その横顔を紹介しておこう.

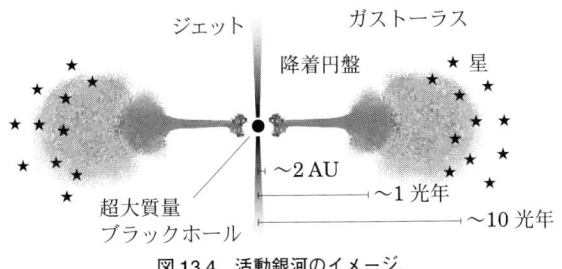

図 13.4 活動銀河のイメージ.

セイファート銀河

「セイファート銀河（Seyfert galaxy）」は，1943年にカール・K・セイファート（Carl K. Seyfert, 1911 ～ 1960）が初めて六つの渦状銀河として分類したタイプの銀河だが，コンパクトで明るい中心核をもち，しかも，幅の広い強い輝線スペクトルを示す活動銀河の一種だ（図13.5）。セイファート銀河本体は，たいていは渦状銀河である。

図13.5　セイファート銀河 NGC 4151（大阪教育大学）．

セイファート銀河は水素をはじめとする種々の元素で，強い輝線スペクトルを示すのだが，輝線スペクトルの幅によって，二つのタイプに分けられる。すなわち，観測される輝線の幅がドップラー効果によって生じたとして，速度に換算したときに，対応する速度幅が毎秒1万kmにもなるものを「1型セイファート銀河（type 1 Seyfert）」とし，速度幅が毎秒500 km 程度のものを「2型セイファート銀河（type 2 Seyfert）」として分類する。

今日の描像では，見る方向が異なるだけで，1型も2型も，その実体は同じものだろうと信じられている（図13.6）。すなわち，秒速1万kmもの幅をもった輝線成分はセイファート銀河の中心核のその中心部で生じており，500 km程度のものは少し周辺部で生じていると考えられているのだが，セイファート銀河を上方ないし斜め上から観測している場合には，中心部までよく見えるので，1型セイファートとして認識されるが，横方向から観測した場合には中心部分が隠されて2型セイファートとして認識されるのだろう。これがセイファート銀河の「統一モデル（unified model）」である。実体は異なるかもしれないと思われていた二つの現象（1型と2型）が，同じ実体の別の側面だということがわかったわけで，この統一モデルは画期的なモデルだといえる。

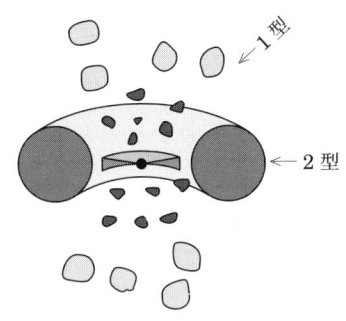

図 13.6 セイファート銀河の統一モデル．セイファート銀河の基本構造は共通しており，巨大ブラックホール（中心の黒丸）の周辺に光輝く降着円盤があり，それらを取り巻いてダストなどの吸収物質を含むガストーラスがある．降着円盤の上下方向には，中央近傍には幅の広い輝線を出すガス雲が，遠方には幅の狭い輝線を出すガス雲が散らばっている．上方からのぞき込むように観測すると，1 型セイファートとして見え，横方向からは中央近傍のガス雲などが隠されて 2 型セイファートとして見える．

電波銀河

「電波銀河（radio galaxy）」は，通常の銀河に比べて，非常に強い電波を放射している銀河だ（図 13.7）。電波のエネルギーはしばしば 10 の 53 乗ジュールにも達する。最初の電波銀河はくちょう座 A は，1944 年，先駆的な電波天文学者レーバー（Grote Reber，1911～2002）が発見した。そして，1951 年になって，バーデ（Walter Baade，1893～1960）とミンコフスキー（Rudolph Minkowski，1895～1976）が電波源 Cyg A が特異銀河であることを同定した。

図 13.7 巨大楕円銀河/電波銀河 M 87（大阪教育大学）．

おとめ座銀河団の中心にある巨大楕円銀河 M 87 は，同時に電波銀河でもあるが，中心には太陽質量の 30 億倍の超巨大ブラックホールが鎮座していることがわかっている（154 ページの図 13.8）。

13 章 銀河の領域：銀河の分類と活動 | 153

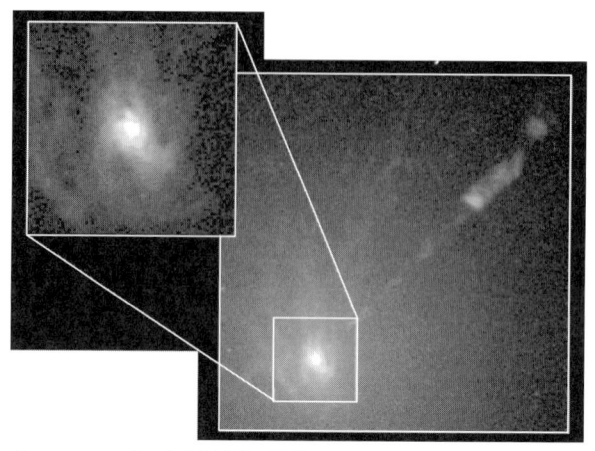

図 13.8 ハッブル宇宙望遠鏡が撮影した電波銀河 M 87 中心の拡大画像（NASA/STScI）．ガス円盤と円盤面に垂直方向に伸びるジェットが明瞭に見てとれる．

クェーサー

「クェーサー（quasar）」は，光で見るとまるで星のような点に見えるが，普通の星に比べると非常に強い紫外線を出していたり，しばしば数日とか数十日のタイムスケールで変光し，しかも，強くて幅の広い輝線スペクトルをもち，さらに，輝線が非常に大きな赤方偏移を示す天体である．とくに最後の特徴は重要で，このことから，クェーサーの実体は，きわめて遠方にある明るい活動銀河（の中心核）だと考えられている（図 13.9）．最近では，クェーサーのまわりの母銀河も観測されており，銀河本体は渦状銀河の場合も楕円銀河の場合もあるようだ．

クェーサーの"発見"は，1960 年代初頭から始まっていた．サンデージ（Allan Rex Sandage）とマシューズ（Thomas Matthews）が，電波源 3C48 を観測して，そのスペクトルが通常の星とはまったく異質なことに気付いていたのだ．正式な発見としては，クェーサー 3C273 のスペクトル輝線が大きく赤方偏移した水素のバルマー輝線であると同定した，1963 年のマーチン・シュミット（Maarten Schmidt，1929〜）の認識をもって嚆矢とする．

発見当初は，星のような見かけから準恒星状天体 QSO（quasistellar object）

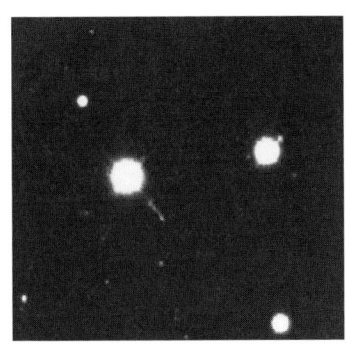

図 13.9　クェーサー 3C273（NOAO/AURA/NSF）．右下に光の矢——宇宙ジェットも写っている．なお 3C273 という名称は，ケンブリッジ大学でつくられた電波源のカタログ，第 3 ケンブリッジカタログ（3C カタログ）の第 273 番登録天体であることを意味している．

とよばれたこともあるが，星とは似ても似つかぬ実体から，クェーサーという名前が新造された。ネーミングは，1964 年に中国系アメリカ人のチュー（Hong-Yee Chiu）が，quasi-stellar object（準恒星状天体）を約めて，quasar とした。

とかげ座 BL 型銀河・激光銀河ブレーザー

　光で見るとクェーサーのように恒星状の天体として観測されるが，強い連続光のみで輝線が目立たず，時間的には変動の激しいものに，「とかげ座 BL 型銀河（BL Lac object)」がある（図 13.10）。とかげ座 BL 型銀河は，しばしば偏光も大きい。観測が進むにつれて本体銀河が見えてきたのだが，銀河本体はしばしば楕円銀河である。この銀河のプロトタイプ「とかげ座 BL（BL Lacertae)」は，もともとは 1929 年から知られていて，15 等くらいの変光星だと思われていた。それが 1968 年に変動電波源 VRO42.22.01 であることがわ

図 13.10　ブレーザー OJ287（http://www.ipac.caltech.edu/2mass/gallery/largegal/oj287）.

かり，星ではなく遠方の天体だと判明していったのだ。さらに，クェーサーの中でとくに変光や偏光の強いものと BL Lac 銀河を合わせて，「激光銀河ブレーザー（blazar）」と総称する。

　セイファート銀河の統一モデルでは，活動銀河中心核を上方からのぞき込む形で中央部分が見えているものを 1 型，横方向から見ていて中央部分が周辺の分子ガストーラスに隠されたものを 2 型とした。このモデルに，さらに中心から上下方向に噴き出す高速のガスジェットという要素を加えて，ジェットを真正面から見ているために，ギラギラに光って見えるのがブレーザー＝0 型だとする考えがある。これを活動銀河の「大統一モデル（Grand Unified Theory）」とよぶ（図 13.11）。

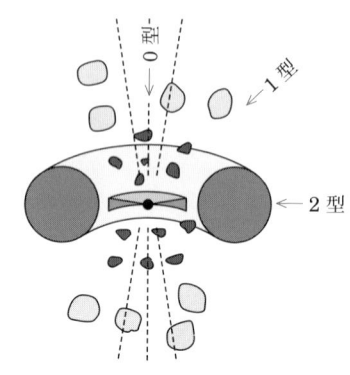

図 13.11　活動銀河の大統一モデル．

【章末問題：銀河の形態分類】

植物学にせよ動物学にせよ銀河にせよ，最初は見かけ上の類似性や相違性による分類からスタートする。さまざまな銀河の写真を集めて，自分の尺度で分類してみよ。

14章　宇宙の変転：ビッグバンと宇宙の未来

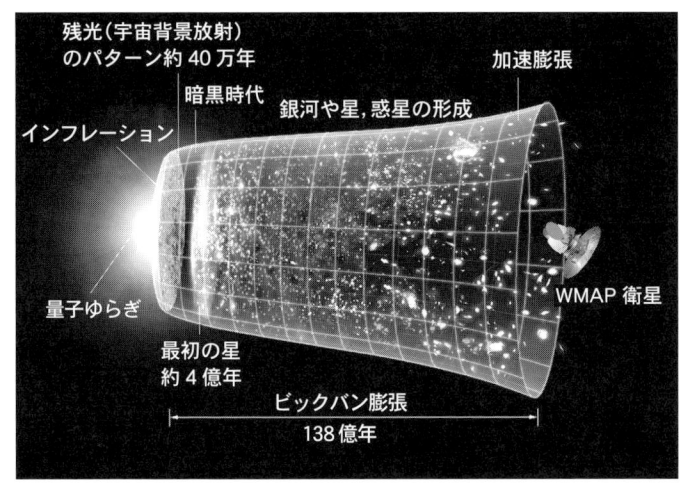

インフレーション宇宙（http://map.gsfc.nasa.gov/m_ig/060915/CMB_Timeline150.jpg）
　この図は左が過去で，右方の現在に向かって宇宙が膨張している．一番左端の急激な膨張期がインフレーション期．

　われわれの住んでいる宇宙は，今から140億年くらいの昔に（現在もっとも信じられている最新の推定値は約138億年前），最初は非常に小さく高温で高圧で高密度の「火の玉状態（fireball）」だったものが，急激に膨張して現在に至ったと考えられている．これは時空そのものの急膨張であって，すでに存在していた空間の中での普通の爆発とはまったく異なるものだ．この宇宙の最初の時空の"大爆発"を「ビッグバン（bigbang/big bang）」とよび，ビッグバンで始まり膨張してきた宇宙を「ビッグバン宇宙（Bigbang Universe/Big Bang Universe）」という．

　ここではビッグバン宇宙の概要と観測的な証拠，そして起源および未来をまとめておこう．

膨張する宇宙

　宇宙が誕生してから現在まで，138億年の歴史で重要な出来事をまとめると，表14.1のようになるだろう（7章の表7.2も参照）。最初の欄の時間は，宇宙が誕生したときを時刻0としたおおまかな時間だ。二つ目の欄の赤方偏移（4.2節参照）は，天体から放射された光の波長がもとの波長に比べてどれくらいずれているかという割合で，膨張宇宙においては，赤方偏移が大きいほど過去の出来事であり，遠い出来事であることを意味している。また，赤方偏移の値は，過去の宇宙と現在の宇宙の大きさの比率でもあり，たとえば，赤方偏移が1000ということは，当時の宇宙に比べて，現在の宇宙が1000倍に膨張していることを意味している。最後の欄の出来事について，以下で，かいつまんで紹介していこう。

表14.1　宇宙の歴史

時　間	赤方偏移	出来事
0	∞	宇宙の誕生，インフレーション，ビッグバン
38万年	1000	宇宙の晴れ上がり
20億年	10	宇宙の再電離
40億年	4	銀河の形成
90億年	0.3	太陽系の形成
100億年	0.2	生命の誕生
138億年	0	現在

ビッグバン

　現在，宇宙が膨張しているなら，過去の宇宙は現在よりも小さかったはずだ。そして，時計の針を逆回しにして過去にさかのぼれば，宇宙はどんどん小さくなっていき，それとともに，宇宙の体積も小さくなるので，物質・エネルギーの密度は大きくなるだろう。同じように，過去にさかのぼるほど，物質や放射の温度も高くなるだろう。言い換えれば，宇宙はきわめて高温・

高密度の火の玉状態からスタートして，膨張とともに希薄になり温度が下がって今日に至ったと考えられる．これがガモフ（George Gamow，1904〜1968）が1948年に提案した「ビッグバン宇宙」の考え方だ（図14.1）．

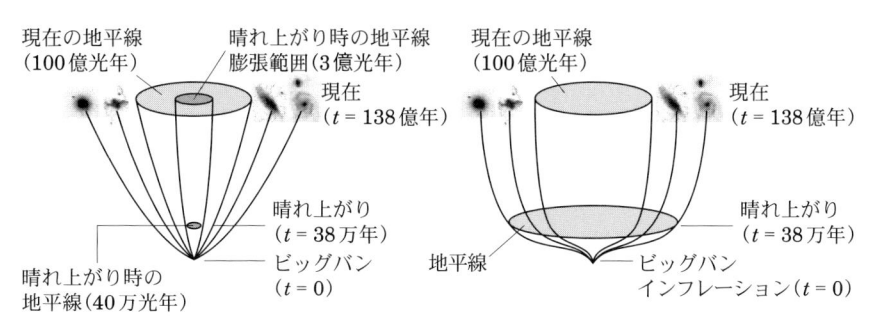

図14.1　水平方向に空間を，上下方向に時間（下が過去で上が未来）をとって表したビッグバン宇宙の時空ダイアグラム．138億年前に時空の一点からスタートした宇宙は，空間的には広がりながら，時間的には未来へ移動しながら，時空の中で膨張していく．左側は単純なビッグバン宇宙の場合で，右側は宇宙の最初期に急激な時空膨張 —— インフレーション —— があった場合のようすを表している．光の進む速度が有限なために，現在の宇宙では，約100億光年程度の有限の範囲しか見ることができない．現在の宇宙で見ることができる果てを"宇宙の地平線"とよんでいるが，その向こうにも宇宙は存在している．

もっとも，その当時はビッグバン宇宙（膨張宇宙）の観測的証拠は少なく，「膨張宇宙論（expanding universe）」と，それに対抗する「定常宇宙論（steady state universe）」がほぼ拮抗していた．そういう時代である．そして，ガモフの提案に対して，定常宇宙論を提案していたイギリスの天文学者ホイル（Fred Hoyle，1915〜2001）が膨張宇宙論を揶揄して"ビッグバン"とよんだのだ．ところが，その言葉があまりにピッタリだったもので，そのまま学術用語になってしまった．定常宇宙論はやがて棄却され，バカにしたよび名の"ビッグバン"が残ったのは，歴史の皮肉というものだろう．

宇宙の晴れ上がり

宇宙が誕生したころは，宇宙全体が高温・高密度の火の玉状態で，あらゆる場所が物質とエネルギーで充ち満ちており，一寸先もわからないほどの光り輝く状態だった．しかし，宇宙が膨張するとともに高温の火の玉の温度は

どんどん下がっていって，宇宙が誕生して約 40 万年後，宇宙が約 1 億光年まで広がったときに，火の玉の温度は，およそ 3000 K くらいまでになった。このとき，宇宙全体で劇的な変化が起こったと考えられている。今日，「宇宙の晴れ上がり (clear up)」とよばれる現象だ（図 14.2）。

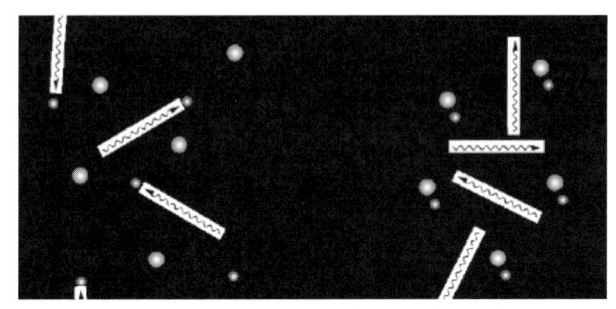

図 14.2 宇宙の晴れ上がり．高温で陽子(大きい玉)と電子(小さい玉)が電離していると，光(波線)は電子に邪魔されてしまうが，陽子と電子が結合して原子になってしまうと，光線はまっすぐに進めるようになる．

　宇宙が非常に高温だったころは，初期の火の玉のなかでつくられた水素やヘリウムは，陽子と電子に電離したままだった。宇宙の温度が 3000 K くらいまでに下がると，プラズマ状態で自由に飛び回っていた陽子と電子の大部分は結合して水素原子になった。これを（陽子と電子の）「再結合 (recombination)」という。もっとも，それ以前に陽子と電子が結合していたことはないのだから，"再"とは変な気がするが，まぁ，そういう。

　再結合より以前の宇宙では，宇宙の温度が高くて陽子と電子が電離したプラズマ状態になっていたため，光子は自由な電子に邪魔されてまっすぐに進めず，ちょうどロウソクの炎のように宇宙は不透明であった。しかし，再結合以後は，陽子と電子が結合して水素原子になり，水素ガスは光に対して透明なので，光子に対して宇宙は透明になった。これを「宇宙の晴れ上がり」というのだ。

　宇宙が晴れ上がる以前では，物質と光（放射）は同じ温度のプラズマ——放射混合体になっていたが，宇宙の晴れ上がり以降，物質と光は袂を分かち，それぞれの道を歩むことになる。すなわち，物質は，超銀河団・銀河団・銀

河・星・生命などの構造を形成し，複雑性の度合いをますます深めていった。一方，物質との相互作用が途切れた宇宙初期の光（放射）は，一様で均質なまま，宇宙が膨張するにつれ希薄になって温度が下がり，宇宙の晴れ上がりのときには約 3000 K であったものが，現在では絶対温度で約 3 K の黒体放射スペクトルになった。これが，現在観測される 3 K 宇宙背景放射だ。宇宙背景放射は，火の玉宇宙の残照といえる。

宇宙の再電離

　火の玉宇宙が膨張して温度が下がり，プラズマガスが"再結合"して中性になって宇宙が晴れ上がったとき，宇宙全体にあまねく存在するガス物質（大部分は水素ガス）は，一部電離していたかもしれないが，大部分は中性状態で電離していなかったはずである。確かにそういう状態は，一度はあったと考えられている。

　ところが，一方で，現在，銀河間に存在する希薄ガスは，中性状態ではなくて，ほぼ完全に電離している。ということは，宇宙の晴れ上がり後のどこかの時点で，宇宙のガスが再び電離するという事態が生じなければならない。実際，宇宙誕生後，数十億年くらいのあたり（表 14.1 参照）にあるクェーサーの観測などから，宇宙の晴れ上がり以降，数億年以前のどこかで，宇宙中の中性水素ガスが再び電離したことがわかってきた。宇宙誕生後の数億年から十億年くらいで起こったらしいこの水素ガスの再電離を，「宇宙の再電離 (re-ionization)」とよんでいる（162 ページの図 14.3）。

　中性状態の水素ガスを陽子と電子に電離するためには，外部からエネルギーを与える必要がある。しかも，銀河間に存在するすべての水素ガスを電離させようとなると，大変な量のエネルギーが必要になる。そのエネルギーが何かよくわかっていない点も大きな謎なのである。

　宇宙誕生後の数十億年くらいまでの領域は，銀河やクェーサーの観測によって調べられてきている。また，ずっと彼方の赤方偏移が 1000 くらい（誕生後，約 400 年）の領域は，3 K 宇宙背景放射によって見えている。しかし，宇宙誕生後，数十万年から数十億年くらいの間の領域は，観測的にも

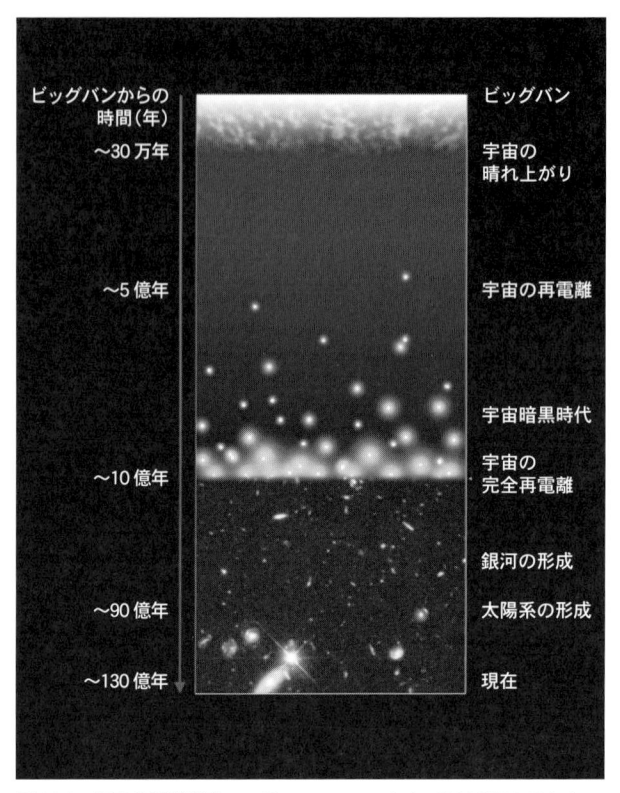

図 14.3 宇宙の再電離（http://www.nrao.edu/pr/2003/j1148/reion.diagram.jpg）．この図は上が過去で下が現在の並び．プラズマ状態だった宇宙がいったんは晴れ上がり（図の右側の説明参照），そして宇宙に出現したエネルギー源（中央部の白い球状の領域）によって，再び電離した（図の右側の説明参照）．

理論的にもよくわかっておらず，宇宙史においては，"宇宙暗黒時代（cosmic dark ages）"といわれている．しかし，宇宙暗黒時代に初代の天体が誕生したと考えられているので，宇宙の歴史においては非常に重要な時代でもある．

　宇宙暗黒時代に誕生した初代の天体は，第一世代の星か，あるいはクェーサーか，あるいは他の天体か，まだわかっていない．初代の天体が第一世代の星だった場合，それらは重元素をほとんど含まない，おそらく太陽の100

倍から1000倍くらいの質量で，10万度以上の表面温度をもつ星であり，強い紫外線を放射していて，初期宇宙を再電離したのだろうと推測されている．

銀河の形成

現在の天文学の最先端で，もっともホットな領域の一つが「銀河形成理論（theory of galaxy formation）」とよばれる分野，すなわち種々の銀河がどのようにして誕生したかという謎の解明である．

銀河の形成過程については，実は現在もまだ定説がない．有力な説の一つに，トップダウン式に，まず，超銀河団ほどの大きなガス雲が重力によって収縮し，その過程で，銀河団ほどのガス雲に分裂し，さらに多数の銀河に分裂していったという，「パンケーキ説（pancake model）」がある．このトップダウン方式では，まずダークマターが大きなスケールでゆらぎ，それに引きずられて普通の物質が集まり，銀河団や銀河などができていくのだ．

逆に，ボトムアップ式に，まず最初に，球状星団のような銀河より小さい規模の天体ができて，それらが集まり銀河をつくり，さらに重力の作用で銀河が集まって，銀河団や超銀河団になっていったという「重力クラスタリング説（gravitational cluster-

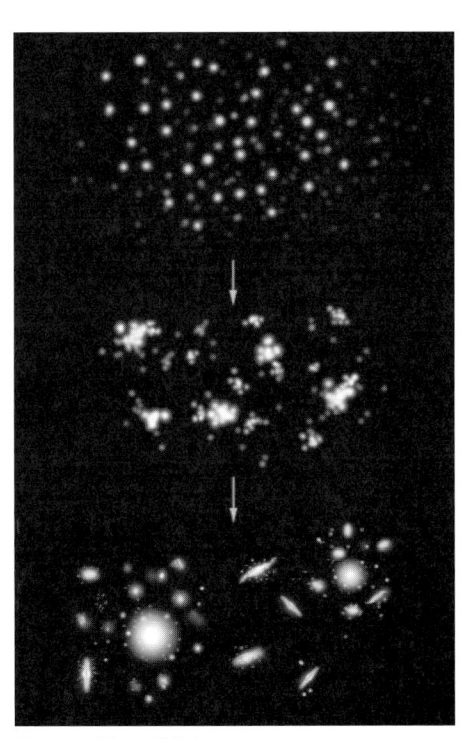

図14.4　銀河の形成（http://www.gemini.edu/files/docman/press_releases/pr2004-1/Galaxy-formation_med.jpg）．まず，比較的小さなサイズの天体ができて，それらが集まり，銀河や銀河団になっていったのだろうか．

14章　宇宙の変転：ビッグバンと宇宙の未来 | 163

ing model)」がある（図14.4）。このボトムアップ方式の場合，まずダークマターが小さなスケールでゆらぐのだ。

現在の描像では，後者のクラスタリング説の方がかなり有力だと思われている。

太陽系の形成

宇宙が誕生して90億年ほどたったころ，人類にとってきわめて重要な出来事が起こった。太陽と太陽系の形成である。太陽の誕生と太陽系の形成のシナリオは，8章と9章でそれぞれ述べたとおりだ。

生命の誕生

さらに，10億年後，今から約38億年前，人類にとってやはりきわめて重要な出来事が起こった。地球における生命の発生である。生命の発生については，16章で紹介しよう。

現　在

以上のような大きな事件を経ながら，宇宙は138億年の齢（よわい）を重ねて，やっと現在までたどり着いたのである。

宇宙の起源と未来

ビッグバン以前の宇宙はどうなっていたのだろうか。そもそも，宇宙はあったのだろうか。あるいは現在以降，宇宙はどのような運命をたどるのだろうか。宇宙に未来はあるのだろうか。

プランク時間

宇宙が生まれて約 10^{-44} 秒後（プランク時間），宇宙の大きさが1000分の1 cm くらいになったとき，現在の宇宙の巨視的な構造を支配している「重

力」が生まれた。さらに約 10^{-36} 秒後，宇宙が 1 cm ほどになったときには，原子核の中で陽子や中性子を結びつけている「強い力」が生まれた。さらに，約 10^{-11} 秒後，宇宙が 100 天文単位ほどまで膨張したときに，中性子を崩壊させる「弱い力」と電荷をもった粒子の間に働く「電磁力」が生まれた。

　こうして，宇宙が膨張し相互作用の力が分化していく間に，陽子や中性子や電子などの素粒子ができていったが，100 秒後くらいに，陽子や中性子の一部は融合して，ヘリウムの原子核や重水素そしてリチウムなどの軽元素が合成された。この一番最初の，時空の量子的なゆらぎが終わり，時空が確定する時間を「プランク時間（Planck time）」とよぶ（2 章）。なお，プランク時間という名前は，プランク定数を導入したドイツの物理学者マックス・プランク（Max Karl Ernst Ludwig Planck, 1858～1947）にちなんだものだ。

インフレーション宇宙

　現在の宇宙論では，ビッグバンの前に「インフレーション時代（inflation era）」とよばれるものがあったと考えられている（157 ページの章扉，図 14.1 も参照）。すなわち，宇宙は"無"の状態から量子重力効果によって誕生し，その直後（プランク時間くらい），きわめて急激な膨張をして（インフレーション期），引き続き，ビッグバンに移行して，いわゆる膨張宇宙になったのだと考えられているのだ。この最初期の指数関数的で急激な膨張が「インフレーション（inflation）」で，そのような宇宙を「インフレーション宇宙（inflationary universe）」という。宇宙がインフレーション的膨張をした原因は，宇宙空間（真空）の相転移に伴う，真空の潜在エネルギーだと考えられている。

　ここで「相転移（phase transition）」というのは，たとえば，水が温度によって，高温の水蒸気・常温の水・低温の氷という三つの状態に分かれるような現象を意味している。温度が下がって水が氷になるときには，いわゆる潜熱（エネルギー）を外部に放出する。逆に氷を水にするには，外から熱を加えて溶かさなければならない。このように（高温の）水という相が，（低温の）氷という相に転移 —— 相転移 —— する際には，その相転移に伴って

潜在的なエネルギー（潜熱）が放出される。これと似たような現象が，宇宙（真空）にも起こったというのである。

そもそも，真空とは何だろうか。

普通の感覚では"真空"とは，文字どおり何もない空虚な空間のことだ。しかし，相対論と並んで現代物理学の柱である量子論では，"真空"は何もないカラッポの状態ではなく，量子的にゆらいでいると考えられている（図14.5）。

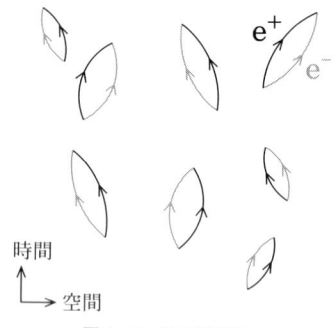

図14.5　量子的真空.

つまり，物理学的な真空では，電子と陽電子，陽子と反陽子など，粒子と反粒子が生成・消滅を繰り返しているのだ。何もないところから粒子対が生じるということは，現代物理学の金科玉条であるエネルギー保存の法則が破れるように思える。実際，一瞬だけ破れているわけだが，量子力学の基本原理の一つであるハイゼンベルグの不確定性原理によって，粒子対のエネルギーに反比例する非常に短い時間内であれば，エネルギー保存の法則が破れてもいい。一瞬後には，粒子対は消滅して帳尻はあっているのである。粒子対が存在するのはほんの一瞬なので，物理の神様もお目こぼしをしてくれるのだろう。このような一瞬だけ存在して，観測もできない粒子のことを「仮想粒子」とよぶ。

しかし，いくら物理の神様がお目こぼしをしてくれるとはいっても，何もない空っぽの"古典的真空"と，仮想粒子対が生成・消滅を繰り返す"量子的真空"とは異なる。具体的には，仮想粒子は観測こそできないが，瞬間的にはエネルギーをもつために，真空全体にわたって仮想粒子対のエネルギーをたし合わせてみると，0にならないのだ。物理学的な真空はある種のエネルギー，すなわち「真空エネルギー（vacuum energy）」をもつことになるのである。そして，水が温度によって，高温の水蒸気・常温の水・低温の氷などに分かれるように，真空にも，そのエネルギー状態によって，高温相の真空，低温相の真空などがあるのだ。

宇宙のごく初期は，宇宙空間全体は高温相の真空とよばれる状態にあり，

現在の（低温相の）真空よりも高いエネルギー状態になっていた。その高いエネルギーによって急激な膨張 ── インフレーション ── を引き起こすのだ。さらに，宇宙全体の急激な断熱膨張によって温度が下がり，真空は高温相の真空から，現在の低温相の真空に転移したのである。この真空の状態の変化を，水蒸気から水に変化することを相転移とよぶのになぞらえて，「真空の相転移」とよぶのだ。また，水蒸気が水に相転移するときには，いわゆる潜熱を外部に放出するように，高温真空が（現在の）低温真空に相転移するときにも潜熱が放出され，その結果，宇宙の温度が上昇して熱い火の玉となった。それがビッグバンなのである。

このビッグバン宇宙のごく初期に，宇宙が指数的に膨張したとする，宇宙開闢時のモデルは，1981年に佐藤勝彦（1945～）とアラン・グース（A.H. Guth，1947～）が独立に提唱した。名前としては，グースが名付けた"インフレーション"が定着した。

宇宙の未来

宇宙がどのように膨張しているのか，宇宙の初期はどのような状態だったのか，これら宇宙の起源や進化を観測的に突き止めていくのが「観測的宇宙論」だ。この観測的宇宙論において，ここ数年で大きな進展があった。その一つが，宇宙膨張のようすがかなり詳しくわかってきたことだ。それによると，宇宙は加速しながら永遠に膨張していくらしい。アインシュタインが，いったんは取り入れながら，最後には"人生で最大の失敗だった"として捨て去った，宇宙定数が華々しく復活する物語でもある。これについては，次章で再び述べよう。

では，もし宇宙が永遠に膨張していくとして，そのような宇宙の未来はどうなるのだろうか。相対論で予想される宇宙の行く末について，ここで少し紹介しておこう。まずは現在からスタートしよう。

① 現在

ビッグバンによる宇宙開闢以来，138億年ほど経過している。星や銀河な

どさまざまな構造が形成されていて，星のまわりにはしばしば惑星が存在しており，地球のように生命を宿した惑星もあることだろう。夜空には星が輝き，われわれが出現し生きている時代，それが宇宙の現在である。

② 地球の未来

今から約50億年くらい後，太陽の中心部では水素が燃え尽き，太陽は膨張して赤色巨星になる（図14.6）。太陽くらいの質量の星が赤色巨星になると，数十倍に膨張するので，水星などは太陽に飲み込まれ，金星や地球も危ないかもしれない。

もし，地球が赤色巨星になった太陽に飲み込まれたら，地球はどろどろに溶けて蒸発してしまうのだろうか？　しかし，赤色巨星の大気は非常に希薄で，実際，地球の大気よりも希薄なので，地球の受けるダメージは案外小さいかもしれない。それに太陽が膨張するにつれ，太陽の外層大気はどんどん宇宙空間に逃げてしまうので，太陽自体の質量は現在よりかなり小さくなるだろう。太陽の質量が減少するにしたがい，地球軌道は次第に外へとシフトするだろう。その結果，地球は飲み込まれないかもしれない。

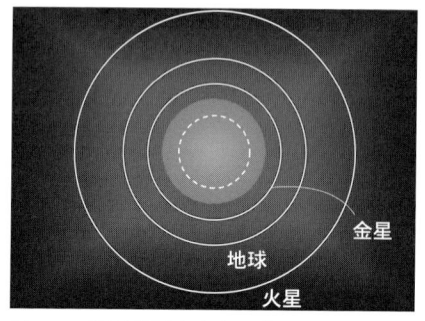

図14.6　赤色巨星化した太陽（http://www.astronomy.ohio-state.edu/~pogge/Lectures/vistas97.html）.

③ 銀河系の未来

われわれの太陽を含む銀河系は，約2000億個の星やガスからなる集まりだが，銀河系の近く（近くといっても，数百万光年ぐらいの距離）には，大小マゼラン銀河やアンドロメダ銀河など20個ほどの銀河が存在している。このような銀河集団の中では，銀河同士の衝突や合体がときおり起こる（図14.7）。実際，アンドロメダ銀河はわれわれの銀河系に近づいてきており，約60億年後くらいに，銀河系に衝突するだろう。銀河同士が衝突しても，

図14.7 合体中の銀河 NGC 2207 (NASA/STScI).

星々の間隔が非常にまばらなので星々が直接衝突することはないが，全体の重力場は引き合うために，合体してしまうことがある．何百億年かたつうちに，銀河系を含む20個ほどの銀河群全体が合体して，一つの大集団に変貌してしまうだろう．他の銀河団も同じような運命をたどるだろう．

④ 星々の未来

銀河団が合体しても星は基本的には影響を受けないが，星にも寿命がある．重い星だと数百万年，太陽くらいの星だと約100億年，核融合を起こせるもっとも軽い星（太陽の質量の8％）でさえ，10兆年（10の13乗年）かそこらだ．ま，もちろん，星の原材料である星間ガスが残っている間は，新しい星の誕生もあるが，やがてはガスも枯渇し，新しい星も生まれなくなる．おそらく10兆年から100兆年くらいの未来，最後の星の光が消え，宇宙には闇の帳が降りるだろう．

最後の星の火が消えた段階で，宇宙の実質は，惑星，褐色矮星，白色矮星，中性子星，ブラックホール，少量の希薄なガスやチリなどの物質（これらはすべて通常の物質でバリオンとよばれる）と，ニュートリノその他のバリオン以外の素粒子，そして，かなり大量の光子である．光子のエネルギーはとても低いのでほぼ暗黒の宇宙だが，重力相互作用は残っているし，何の変化もないわけではない．

14章　宇宙の変転：ビッグバンと宇宙の未来

⑤ 物質の未来

　銀河の星がほとんど白色矮星やその他のコンパクト星になって，もはや光らない暗黒銀河になってしまっても，ニュートンの万有引力によって支配された力学的変化は続いている。暗黒銀河同士の合体も続き，かつて銀河団が存在していた領域には，超巨大暗黒銀河が出現しているだろう。また現在でも，銀河の中心には，太陽の数億倍もの質量をもつ超巨大なブラックホールが存在しているが，超巨大暗黒銀河の中心には，もっととてつもない大きさのブラックホールができているかもしれない。

　ところで，普通の星の火が消えたこのような暗黒宇宙でも，たまに輝きが現れないでもない。たとえば，褐色矮星や白色矮星が衝突すると，衝突のエネルギーを解放して一瞬光ったり，質量の具合がよければ，新たな星として核融合の火を灯すこともあり得る。一気に超新星爆発に至ることもあるやもしれない。中性子星に他の暗い天体が衝突してガンマ線爆発を起こすこともあるだろう。ブラックホールの近くで他の暗い天体が引き裂かれ，高熱のガスとなって（ブラックホールに吸い込まれる前に）断末魔の叫びをあげることもある。

　これらは，10の20乗年とか10の30乗年とか，たいそう長い時期の物語になる。そして，10の31乗年くらいのはるかな未来に，あらゆる物質のおおもとである陽子が崩壊すると考えられている（図14.8）。一般相対論と量子力学が融合すれば話は変わるのかもしれないが，少なくとも，現在の素粒子物理学は，そう予言している。陽子が崩壊して，通常の物質，いわゆるバリオン物質は存在しなくなる。

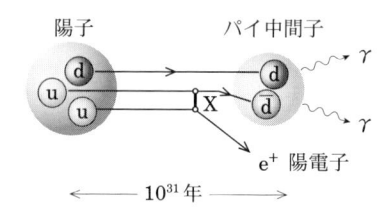

図14.8　陽子の崩壊（www.astro.iag.usp.br/Glossario/Proton.html）．三つのクォークからなる陽子（左）は，二つのクォークからなるパイ中間子（右）と陽電子（右下）に崩壊する．

⑥ ブラックホールの未来

　陽子崩壊後の宇宙に残された最後の天体は，大小さまざまな大きさの無数

のブラックホールだけだろう。まとまりをもった天体としてではないものの，ブラックホール以外にも，陽子崩壊前から存在していた少量のガスや光子やニュートリノ，そして陽子崩壊で生じた，陽電子，ニュートリノ，パイ中間子，光子などが存在しているだろう。なんだかつまらなさそうな宇宙である。

しかし，最後の天体，ブラックホールも，はるかな未来には蒸発する運命にある。ブラックホールの蒸発時間は，ブラックホールの質量の3乗に比例して長くなる。たとえば，太陽質量のブラックホールは，約 10 の 65 乗年で蒸発するが，太陽の百万倍の質量のブラックホールだと蒸発するまでに 10 の 83 乗年くらいかかり，銀河の中心に存在する太陽の1億倍くらいの超巨大なブラックホールでは，なんと 10 の 100 乗年以上もかかるだろう。10 の 100 乗年といえば，われわれにとっては永遠と同じようなものかもしれないが，それでも，原理的には有限の未来に，すべてのブラックホールは蒸発してしまうのである。

ブラックホールが蒸発してしまった後には，宇宙の膨張によって極度に赤方偏移しエネルギーの低くなった光子，ニュートリノ，電子と陽電子などが，栄華をきわめた過去の宇宙の亡霊のように漂っていることだろう。

【章末問題：宇宙の起源と未来】
宇宙の起源から未来までを，対数スケールにした時間軸のうえで書き並べてみよ。

15章 見えない宇宙：
ダークマターとダークエネルギー

かみのけ座銀河団（提供：国立天文台）
ぼんやりした光はすべて銀河である。

　宇宙に存在するものは，光を発して目に見えている天体だけではない。光やその他の電磁波を出さないために，目で見ることはできないが，質量を有して重力を及ぼす物質の存在も確認されていて，今日，「暗黒物質/ダークマター（dark matter）」とよばれている。ダークマターは，宇宙の物質全体の90％くらいにもなると推定されている。

　また，宇宙には"物質"だけが存在するのではない。物質以外にも，宇宙空間に存在して，宇宙の構造に多大な影響を与えているある種のエネルギーが存在すると考えられていて，今のところ直接的な検出ができていないため，「ダークエネルギー（dark energy）」とよばれている。ダークエネルギーは，ダークマターも含めた物質の数倍から10倍くらいもあるかもしれない。

　ここでは，見えない宇宙について紹介しよう。

宇宙の内容物

現在，ぼくたちが知っている宇宙の全存在の内訳を，表 15.1 と図 15.1 に示す。ここで出てくる Ω は，「密度パラメータ（density paramoter）」とよばれるものだが，宇宙の物質・エネルギー密度を宇宙をちょうど閉じるのにたる臨界密度で割ったもので，宇宙に存在する全物質・エネルギーの量を表す指標になっている。密度パラメータ Ω が 1 より大きければ閉じた宇宙，小さければ開いた宇宙，そしてちょうど 1 のときが平坦な宇宙となっている。

表 15.1　WMAP 衛星などによって得られた最新の観測推定値

内容物の種類	密度パラメータ Ω の値
全体 100 %	$\Omega = \Omega_m + \Omega_\Lambda = \Omega_b + \Omega_{DM} + \Omega_\Lambda = 1$
物質 27 %	$\Omega_m = \Omega_b + \Omega_{DM} = 0.27$
通常の物質 4 %	$\Omega_b = 0.04$
星・銀河 1 %	
ガスなど 3 %	
暗黒物質 23 %	$\Omega_{DM} = 0.23$
ダークエネルギー 73 %	$\Omega_\Lambda = 0.73$

また，Ω_m（添え字は物質 matter の頭文字）は，通常の物質であれ暗黒物質（ダークマター，後述）であれ，とにかく物質の形態をとったもので，それらが，減速膨張する閉じた宇宙と加速膨張する開いた宇宙を分ける臨界値の 27 % であることを意味している。したがって，物質だけでは宇宙を閉じさせるにはたらない。

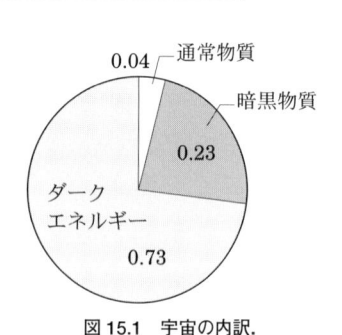

図 15.1　宇宙の内訳.

一方，Ω_Λ（添え字は宇宙項を表す変数の Λ）は，真空エネルギー（宇宙定数）の形態をとったもので，宇宙定数 Λ の寄与分をパラメータ Ω に換算した値である。そして，真空エネルギー（ダークエネルギー，後述）の寄与が

臨界値の 73 ％あることを表している。

　そして，物質の寄与 27 ％とエネルギーの寄与 73 ％を合わせて，ちょうど 100 ％，すなわち臨界値になり，現在の宇宙は，理由はともかく，全体として平坦ということになるのだ。

　また，物質の内訳では，Ω_b（添え字はバリオン baryon の頭文字）はバリオン物質ともよばれる通常の物質の量を表しており，物質 27 ％中，通常物質が 4 ％ある。それに対して，バリオン物質とは限らない（一部は，バリオン物質かもしれない），Ω_{DM}（添え字はダークマター dark matter の頭文字）で表されるダークマターが 23 ％になる。

　結局，宇宙の全物質・エネルギーのうち，ぼくたちがそれなりに知っている通常の物質は，たったの 4 ％くらいにすぎないのだ。宇宙全体の 96 ％ぐらいを，ぼくたちはまだほとんど知らないのである。

ダークマター

　ダークマターの存在について，多くの天文学者が真剣に悩み出したのは，1970 年代に入ってからだ。渦状銀河の安定性と回転速度の問題が目の前に突きつけられたのである。

　一つは渦状銀河の安定性の問題だ。当時，円盤状の渦状銀河の振る舞いをシミュレートするために，円盤状に星を分布させて回転させてみると，あっという間に，円盤状の形状が壊れて丸くなってしまうのである。宇宙で壮麗な姿を見せている渦状銀河は，力学的な状況からは存在できないはずなのだ。円盤状に星を置いただけでは壊れてしまう渦状銀河なのだが，もし，正体はともかくとして，渦状銀河の周囲に星の 10 倍（！）もの質量を置いてみると，円盤は安定に存在できるのである。これはどういうことだろう。

　一方で，1970 年代には，観測的にも大きな問題が持ち上がっていた。

　渦状銀河には星だけではなくガスも含まれている。それら星やガスは，太陽のまわりを惑星が回っているように，銀河の中心のまわりを回っているは

ずだ．スペクトル線のずれを調べれば，それらの運動を知ることができる．そして，星やガスの運動を調べれば，渦状銀河に含まれている物質の質量がわかるはずである．そして，後に述べる銀河団の場合と同じ問題が起こったのだ．すなわち，光学的質量よりも力学的質量の方が10倍くらい大きかったのである．「暗黒物質／ダークマター（dark matter）」とは何なんだろう．

ダークマターの証拠：飛び散るはずの銀河団

　数千億の星やその他の物質からなる銀河は，宇宙の中で一様に分布しているわけではなく，しばしば，重力的に結びついた局所的な集団をつくっている（173ページの章扉参照）．そのような銀河集団のうち，10数個の銀河が集まったものを「銀河群（group of galaxies）」，数百から数千個の銀河が集まったものを「銀河団（cluster of galaxies）」とよんでいる．銀河団の中の銀河は，写真で見ると静止しているように見えるが，決してひとところにじっとしているわけではなく，思い思いの方向に運動している．

　星や銀河と同じく，銀河団にも名前が付いている．たとえば，おとめ座の方向で約5900光年の距離にある「おとめ座銀河団」は，巨大楕円銀河M 87などを含む50個程度の銀河からなる集団だし，かみのけ座の方向で3億光年の彼方には，100個以上の銀河を含む「かみのけ座銀河団」がある（表15.2）．

表15.2　銀河団のデータ

天体名	固有名	等級	距　離	赤方偏移
Virgo Cl	おとめ座銀河団	9.4	5900万光年	$z = 0.0039$
Coma Cl	かみのけ座銀河団	13.5	2億9000万光年	$z = 0.0232$
Cl 0024	重力レンズ銀河団			$z = 0.392$

　さて，これらの銀河団に含まれる個々の銀河の挙動を調べていた，スイス出身の天文学者フリッツ・ツヴィッキー（Fritz Zwicky，1898〜1974）は，1933年，奇妙な事実に気付いた．彼はまず，銀河団に含まれる各銀河の明るさを測定した．銀河が普通の星からできていると仮定すると，星1個の明

るさや質量（の分布）はだいたいわかっているので，銀河全体の明るさが太陽何個分に相当するかがわかる。すなわち，その銀河の"総質量"が見積もれる。このようにして求めた質量を「光学的質量（luminous mass）」とよんでいる。たとえば，かみのけ座銀河団の光学的質量は太陽の数兆倍だった。

　一方で，彼は，銀河団に含まれる各銀河の運動のようすを調べた。銀河団中の個々の銀河には，他の残りすべての銀河からの重力が働いているはずだ。一個一個の銀河が銀河団から逃げ出したりしないためには，他の銀河全体からの重力を相殺する程度のほどよい速度で，その銀河が運動していることが必要である。したがって，個々の銀河の運動速度を測定してそれらを平均すれば，銀河団全体の質量を見積もることができる。このような方法で求めた質量を「力学的質量（dynamical mass）」とよんでいる。たとえば，かみのけ座銀河団の各銀河は，だいたい秒速 1000 km くらいの速度で飛び回っている。これくらいの運動速度をつなぎとめるためには，かみのけ座銀河団の質量が太陽の 500 兆倍くらい必要だ，というようなことがわかるのだ。

　そして，ツヴィッキーをひどく驚かしたことには，求めてみた銀河団の力学的質量は，光学的質量より数十倍から数百倍も大きかったのだ。このことはすなわち，銀河団の中には，光を出さないために目には見えないが，重力作用は及ぼす暗黒の物質「ダークマター」が大量に存在していることを意味していた。

　さらに最近では，X線観測で発見された銀河団中に含まれる高温ガスの存在（高温ガスを閉じ込めるために必要な質量が導出される）などからも，ダークマターの存在が確認されている。今では，さまざまな方法で，いろいろな場所にダークマターが存在することがわかってきている。

ダークマターの正体：MACHO

　現在では，ダークマターの存在自体を疑う研究者は少ないが，その正体となると議論が分かれている。候補としては大きく分けて，MACHO（筋肉マン）と WIMP（弱虫）がある。MACHO と WIMP の違いを，たとえていえば，"スープの具"と"スープそのもの"の違いみたいなものだろう。つま

り，具のように宇宙空間で塊として存在しているか（MACHO），スープのように宇宙空間中にベターと広がっているか（WIMP）だ。

ダークマターの候補として，一つのタイプは，たとえば，ブラックホールとか，質量が小さすぎて星として光れなかった褐色矮星とか木星のような惑星とかチリとか，そんなのが考えられる（表15.3）。とにかく，光ってはいないけど質量はもっている普通の物質（バリオン物質）だ。このような普通の物質からなる（かもしれない）ダークマターに対して，重たくて（MAssive）コンパクトな（Compact）ハロ（Halo）領域にある天体（Objects）の頭文字をつなげて，「MACHO（＝MAssive Compact Halo Objects）」というよび方をしている。

表15.3　暗黒物質の候補1

MACHO	質量
雪玉	?
褐色矮星	$< 0.08\,M_\odot$
M型矮星	$0.1\,M_\odot$
白色矮星	$1\,M_\odot$
中性子星	$2\,M_\odot$
ブラックホール	$\sim 10\,M_\odot$
大質量ブラックホール	$100\sim10\,\text{万}\,M_\odot$
超大質量ブラックホール	$>10\,\text{万}\,M_\odot$

$M_\odot=1$ 太陽質量

褐色矮星にせよ，ブラックホールにせよ，暗くても質量をもった天体──MACHOならば，背景の星々に対して重力レンズ効果を及ぼす。もちろん，MACHOがどこにあるかはわからないので，どこを見たらいいかもわからないのだが，銀河系の中心方向やマゼラン銀河の方向などたくさんの星々を観測していれば，そのうちのいくつかは手前のMACHOによる重力レンズ効果を受けて瞬くだろうと見積もられた。このような戦略のもとで，1990年代に精力的にMACHO探しが行われ，実際に1993年9月，三つのグループがほぼ同時に発見したのである。その後はMACHOの総量もだんだんわかってきた。とはいっても，MACHOでダークマターを説明するには，たらないようである。

なおmachoは，いわゆる"マッチョマン"のことで，"たくましい筋肉男"を意味している。もう一つのとらえどころのないWIMPに対して，はっきりした物質だということで，引っかけた語呂合わせである。順序としては，

WIMPという用語が先にできて，MACHOが後からつくられた。

ダークマターの正体： WIMP

　ダークマターの候補のもう一つのタイプとしては，たとえば，ニュートリノとか，アクシオンとか，バリオン物質ではない，ある種の素粒子が考えられる（表15.4）。こちらの方は，他の物質とほんのわずかしか（Weakly）影響し合わない（Interacting）質量をもった（Massive）素粒子（Particles）を意味する英語の頭文字をつなげて，「WIMP（＝ Weakly Interacting Massive Particles）」とよばれた。こちらのwimpは"弱虫"の意味だ。

表15.4　暗黒物質の候補2

WIMP	質　量
アクシオン	10万分の1 eV
ニュートリノ	10 eV
フォチーノ	1 GeV
モノポール	10^{16} GeV
原始（ミニ）ブラックホール	$> 10^{15}$ g
クォークナゲット	$< 10^{20}$ g
影の物質	？

1 eV = 1.78 × 10^{-33} g，1 GeV = 10億 eV

　ニュートリノ（neutrino）は非常に大量に存在するので，質量がある程度大きければ，ダークマターを説明するのにたりると思われていた。しかし，今のところ，ニュートリノの質量は電子の1000分の1以下くらいと見積もられていて，ダークマターの総量を説明するにはたりないようだ。

　現在，ダークマター候補のWIMPとしては，素粒子の統一理論である超対称性理論から予想される「フォティーノ（photino）」や「ジーノ（zino）」などのいわゆる「ニュートラリーノ（neutrarino）」と，クォーク間の強い力に関連して予想されている「アクシオン（axion）」が考えられている。前者のニュートラリーノの質量は陽子の100倍くらいと予想されるので，もしニュートラリーノがダークマターならば，コップ1杯に1個くらいのニュートラリーノがある勘定になる。一方，後者のアクシオンの質量は電子の1兆

分の1くらいと予想されるので,もしアクシオンがダークマターならば,角砂糖1個の中にも,アクシオンが1兆個ある勘定になる。

ダークエネルギー

　宇宙に存在するものは,目に見える物質あるいは目に見えない物質まで含めても,物質(マター)だけではない。目に見える形でのエネルギー(光)もあるが,それらだけではない。あらゆる物質および目に見えるエネルギー以外にも,宇宙空間に存在して,宇宙の構造に多大な影響を与えている,ある種のエネルギーが存在すると考えられている。そのエネルギーは光のように見ることができないし,今のところ直接的な検出ができていないため,「ダークエネルギー(dark energy)」とよばれている。ダークエネルギーは,ダークマターも含めた物質の数倍から10倍くらいもあるかもしれない。

ダークエネルギーの証拠
　1998年に,米ローレンスバークレイ国立研究所のソール・パールムッターたちや,オーストラリアのサイディングスプリング天文台のブライアン・シュミットたちが,数年にわたって行われていた超新星宇宙論プロジェクトと高赤方偏移超新星探査の結果を報告した。今日的な用語でいうと,その論文で彼らは,"宇宙にはダークエネルギーが存在し,そのダークエネルギーは物質の万有引力に抗して,宇宙を膨張させ,さらに膨張運動を加速させている"と述べた。この"ダークエネルギー"という言葉は,後日,シカゴ大学の宇宙論学者マイケル・ターナーが命名した用語である。
　パールムッターたちは,遠方の銀河で発生した超新星を観測して,そのデータをもとに,宇宙が閉じているのか開いているのか,言い換えれば,宇宙膨張が減速しているのか加速しているのかを調べようとしたのである。
　遠方の銀河の後退運動自体は,遠方の銀河からやってくる星の光の赤方偏移を測定することによって,どれくらいの高速で遠去かっているか,すなわ

ち，膨張しているかがわかる．しかし，その銀河までの距離がわからないことには，膨張率，すなわち加速度はわからない．そして従来は，銀河までの距離を求めるのが非常に難しく，銀河の距離には不定性が高かったため，加速の割合を求めることが困難だった．

パールムッターたちは，そこで，遠方の銀河で起こる超新星すなわち星の最期の大爆発に目をつけたのだ（図 15.2）．超新星は，星が進化して終末を

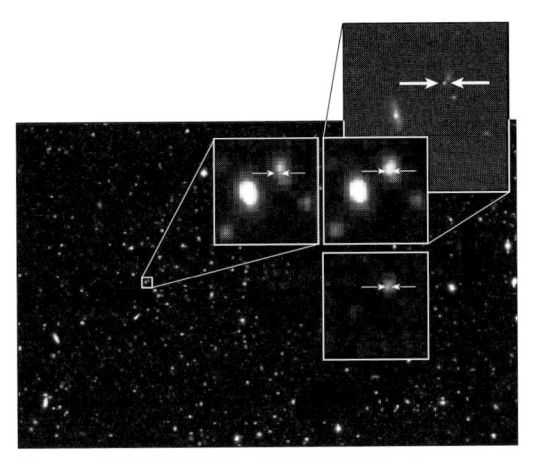

図 15.2 遠方の銀河で起こった超新星爆発（http://www-super nova.lbl.gov/public/figures/bigcomposite.jpg）．

迎えたときに，星全体が大爆発する現象である．超新星は莫大なエネルギーを放出して光輝くので，銀河本体と同じくらいに明るくなる．だから，星一個一個はかすかで見えないような遠方の銀河でも，超新星の爆発が起これば，その光を観測することができるのだ．そして，超新星の光を観測することができれば，その光り具合，すなわち見かけの明るさから，遠方の銀河までの距離が見積もれるのではないかというわけである．

もっとも，超新星のもともとの明るさがわからないと，見かけの明るさとの比較はできない．幸いなことに，超新星には，大きく分けて，タイプ I とタイプ II と 2 種類のものが知られているが，そのうちタイプ Ia 型超新星とよばれるものは，爆発時の最大光度が比較的よくそろっている．すなわち，

15 章 見えない宇宙：ダークマターとダークエネルギー | 181

タイプIa型超新星は真の明るさがだいたいわかっているのだ。したがって，遠方の銀河でタイプIa型超新星の爆発が起これば，その見かけの明るさを測定して真の明るさと比べることにより，遠方の銀河までの距離が判明するという仕組みなのである。また，普通の銀河では，Ia型超新星の爆発は300年に1回くらいしか起こらないまれな現象だが，数千個もの銀河を観測すれば，何十個もの超新星を見つけることができる。

このような方法で，パールムッターたちは，遠方の銀河までの距離と後退速度を詳しく調べていったのだ。ハッブルがやったことと同じことを，もっともっと遠方の宇宙まで調べていったのである（図15.3）。そして，ビッグバン宇宙モデルの理論曲線と比べることにより，彼らは，宇宙膨張が加速しているとの結論を得たのだ。そして，そのような加速運動を引き起こすためには，宇宙に存在する物質自身によって宇宙を収縮させようという力——重力に抗し，宇宙を膨張させようとする力——ある種の斥力が働いているとしたのである。その宇宙膨張を加速させる力のもとになっているエネルギーが，いまだ検出されていないという意味で，"ダークエネルギー"なのだ。彼らの発見には2011年度ノーベル物理学賞が与えられた。

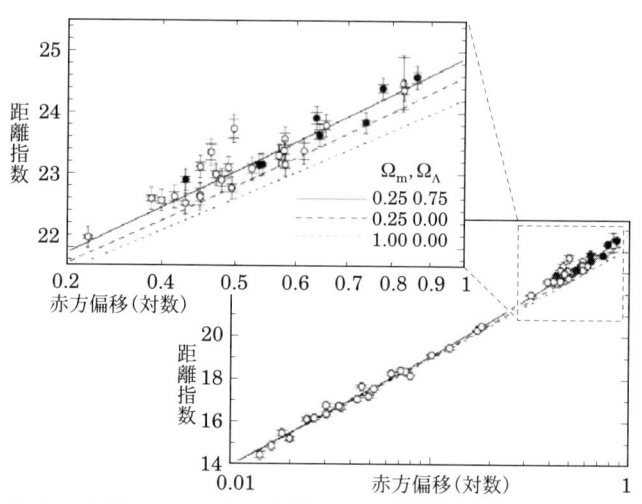

図15.3 拡張されたハッブルの法則(Knopほか(2003)，http://supernova.lbl.gov/)．

超新星宇宙論プロジェクトで得られた推定値は,

 $\Omega = 1$

すなわち, 宇宙は平坦として, その内訳が,

 Ω_m（物質）$= 0.27$

 Ω_Λ（エネルギー）$= 0.73$

というものだった（図15.4）。

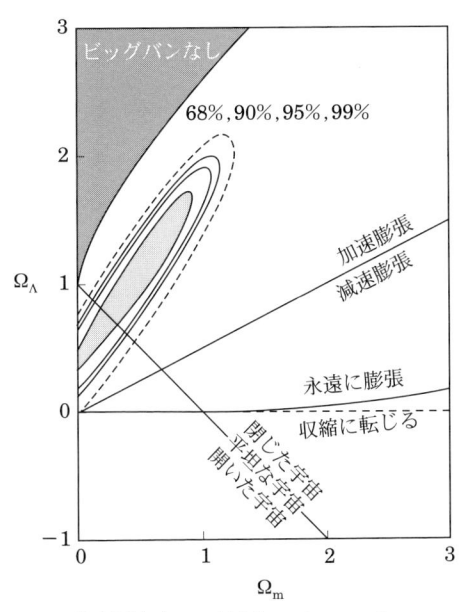

図 15.4 宇宙論パラメータの推定領域（Knop ほか(2003), http://supernova.1b1.gov/). 横軸が Ω_m（物質), 縦軸が Ω_Λ（エネルギー）のパラメータ面上で, 左方の細長い楕円状の領域がもっともらしいパラメータ領域. この領域の中心線と平坦な宇宙を表す右下がりの直線($\Omega = \Omega_\mathrm{m} + \Omega_\Lambda = 1$)の交点が現在の推定値になる.

超新星宇宙論プロジェクトで判明したもっとも重要な点は, この部分だ。密度パラメータに換算したとき, ダークエネルギーの寄与が宇宙全体の内容物の73％もあるのだ。宇宙膨張を記述するアインシュタイン方程式でいえば, アインシュタインがいったん導入した後に棄却した宇宙定数（Λ項）が復活することと同等な内容だった（ただし, 物理的な意味合いは少し異なる）。そして, 宇宙定数があるということは, 宇宙が加速しながら膨張していると

いうことなのだ（図15.5）。これは，物質・エネルギーの重力作用による「宇宙の減速膨張」に対して，「宇宙の加速膨張」とよばれる。

ダークエネルギーの正体

ダークエネルギーの正体はまだ不明である。一つの候補としては，真空エネルギーが考えられている（166ページ参照）。

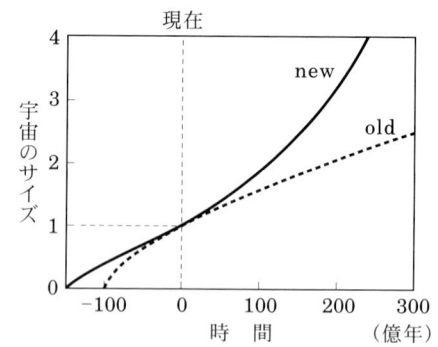

図15.5 加速膨張する宇宙．宇宙は平坦ではあるが，宇宙項がなくて"減速膨張"している平坦な宇宙(old)ではなく，宇宙項があって"加速膨張"する平坦な宇宙(new)である．

仮想粒子対の生成・消滅の量は空間の体積に直接比例するので，真空エネルギーの大きさも空間の体積に比例する。真空のエネルギーが存在するということは，数学的には"宇宙斥力"として働く宇宙定数（宇宙項，Λ 項）が存在することとまったく同じなのだ。もちろん，物理的には意味合いが異なる。アインシュタインが仮定した空間の斥力として働く性質をもった宇宙項は，空間自体に備わった特性なので，アインシュタイン方程式の左辺に置かれた。一方，真空エネルギーは，通常の物質やエネルギーとは異なるものだが，ある種のエネルギーには違いないので，アインシュタイン方程式では右辺に置かれるべき量である。ただし，数学的には，宇宙項に相当する項を，方程式の左辺から右辺に移項しただけなのだ。

他の候補としては，クィンテッセンス（第5元素；quintessence）とよばれる，ある種の弱い力の場だという人もいる。また，他の次元からエネルギーが漏れているのかもしれない（図15.6）。すなわち，宇宙は高次元空間（余剰次元）に浮かぶ膜だという説があり，「ブレーンワールド（brane world）」とか，「M理論（M theory）」とよばれている。この理論では，われわれの宇宙である4次元時空の外部から重力やダークエネルギーなどの影響が入ってくる可能性があるのだ。

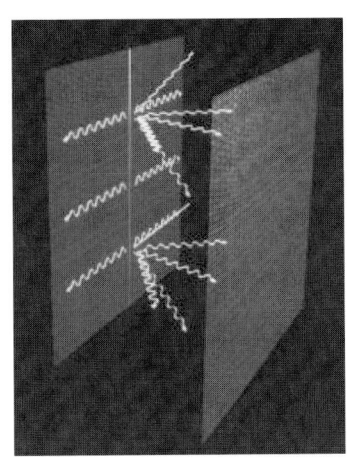

図 15.6 ブレーンワールド（http://www.damtp.cam.ac.uk/user/gr/research/brane.jpg）．世界（宇宙）は"面（メンブレーン）"のようなもので，面内だけで働く力と，面外にも影響が及ぶ力（重力）がある．

【章末問題：現代宇宙論の創始者】

現代宇宙論を構築した研究者と仕事について調べてみよ．
たとえば，理論家として，一部を挙げれば，

　　アインシュタイン（Albert Einstein, 1879～1955）
　　フリードマン（Alexandre Alexandrovich Friedmann, 1888～1925）
　　ルメートル（Georges Edouard Lemaitre, 1894～1966）
　　ジョージ・ガモフ（George Gamow, 1904～1968）
　　フレッド・ホイル（Fred Hoyle, 1915～2001）
　　佐藤勝彦（1945～）
　　アラン・グース（A. H. Guth, 1947～）

らについて，具体的に提案した内容を年表の形にまとめてみよ．
観測的な進展についても，年表の形にまとめてみよ．

16章　第二の地球：宇宙と生命

恐竜の絶滅（提供：NASA）
6500万年前の中生代末，天空から10kmほどの"石コロ"が落ちてきて，恐竜その他，多数の生物種が絶滅した．一方，そのおかげで，ホ乳類が栄えるニッチ（すき間）ができた．

　今から138億年前に，"われわれの"宇宙が開闢して以来，いくつかのきわめて重要な出来事が起こってきた．その一つが約46億年前に起こった太陽と地球の誕生だろう．そして，もう一つが約38億年前の"地球における"生命の発生である．そして今，われわれは"宇宙における"生命の発生について，考え始めている．地球以外に生命の存在する"ほし"はあるのだろうか．地球人以外の宇宙人はいるのだろうか．系外惑星の探査技術が進み，第二の地球の発見も時間の問題となった現在，宇宙における生命の存在はますます重要な課題となった．
　ここでは，地球における生命の発生を振り返り，生命が存在するための条件や系外惑星探査の現状を紹介したい．

生命の発生

地球における生命の発生と進化について議論する前に，まずは「生命の系統樹」を見ておきたい（図 16.1）。生命の起源から生えた太い幹から，さまざまな生命の系統が分岐，繁っている絵である。幹から分岐する太い枝は 3 本ある。古細菌（アーキア）の枝，細菌（バクテリア）の枝，そして，真核生物の枝である（古細菌と細菌を合わせたものが原核生物）。真核生物の枝には，粘菌，菌類，植物，動物の小枝があり，動物の小枝の哺乳類の細い枝のさらに先っちょに，人類のトゲがあるような感じだろうか。

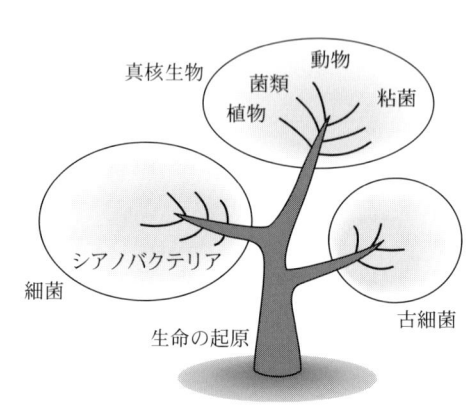

図 16.1　生命の系統樹．

この生命の系統樹を読むときに，いくつか注意すべきことがある。

まず一つには，生命の樹はその無数の枝々がすべて先端まで（現在まで）延びきっているわけではないということだ。むしろ，大部分の枝は途中で（過去のある時点で）ちょんぎれてしまっている。すなわち，現存する生物種の系統よりもはるかに多くの系統が，過去のある時点で絶滅しているのである。だから，生命の樹をきちんと描けば，中間の高さで非常に中膨れし，先っちょに少しだけ細い枝が延びたような樹になるだろう。

もう一つは，葉の繁り方だ。古細菌・細菌・真核生物の枝は，まぁ，絵的なバランスもあるのか，図のように，だいたい同じくらいの大きさで描くことが多い。しかし，実際には，種数，個体数，存在期間どれをとっても，細菌あたりが圧倒的に多く，枝の繁り方は非常にアンバランスなものになっているだろう。

最後に，生命の樹で気をつけないといけないのは，生命の起源という地面から生えた幹の本数である。たいていの絵では1本の太い幹が描いてあるが，これは誤解を招くだろう。生命の起源はまだまだ未解明だが，地球の海洋で発生したとして，海洋のあちこちで同時に発生してもよかったろうし，何億年もの間に何度も発生があってもよかっただろう。さらに，海底熱水噴出孔のそばでは，現在でも生命が発生しているかもしれない。つまり，幹というか根っ子は，いくつもの場所，いくつもの時代から"いくつも"生えている可能性が高い。

　生命の系統樹は，見た目以上にはるかに複雑なものなのだろう。

　生命の系統を概観したところで，一応，地球上での生命の進化をまとめておこう（表16.1）。

表16.1　生命の歴史

時　間	出来事
46億年前	地球の誕生
38億年前	生命の発生
27億年前	最初の光合成生物
20億年前	酸素分圧の増加
5億6000万年前	多細胞生物の出現

地球の誕生（46億年前）

　星間に広がる水素ガスの雲から，その濃密な部分が収縮して，太陽と太陽系が誕生した（8章および9章）。まず，太陽の100分の1くらいの質量をもっていた原始惑星系円盤に含まれていたダスト（グラファイトやシリケイトその他の重元素）が重力的に集積し，10 kmほどのサイズの微惑星になった。微惑星の数は太陽系全体で1000億個くらいできたらしい。それらの微惑星が衝突合体して，原始

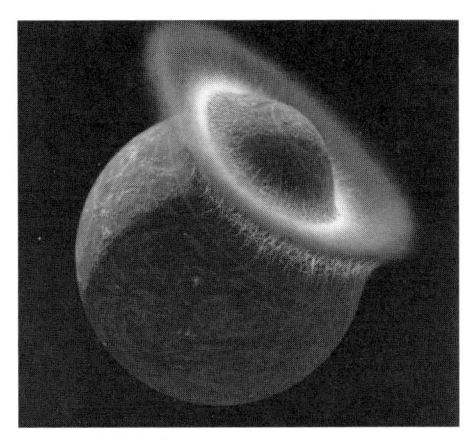

図16.2　原始地球（http://www.yorku.ca/phall/TEACH/HISTSOLSYS/newsolsys_moonimpact.jpg）．

惑星ができた。原始惑星が 10 個くらい巨大衝突して合体したのが，原始金星や原始地球だ（図 16.2）。一方，水星や火星は，その軌道位置でだいたい推測される原始惑星の大きさ程度らしい。

細かい過程は省略するが，原始地球の固体成分に含まれていたガスや水から，地球の原始大気や原始海洋が形成されたと思われている。また，この過程は一度ではなくて，原始惑星から巨大衝突によって原始地球ができる間，何度もガスが放出されたり，部分的な原始海洋の形成が起こったのかもしれない。こうして，地球生命のための舞台ができあがった。

生命の発生（38 億年前）

38 億年かもう少し前に起こった地球史の一大イベントが，生命の発生だ。この部分はまだよくわかっていない。よくいわれるのは，炭素や酸素や窒素などを大量に含む原始海洋に，電撃などのエネルギーが作用して，複雑な有機物が形成され，それからアミノ酸やヌクレオチドなど生命の部品ができたというものだ。いわゆる海底熱水噴出孔が発見されて，非常に高温の環境下での有機物の合成もあり得るらしいので，最初の一撃は電撃ではなかったかもしれない。実際，生命の系統樹をさかのぼって調べていくと，太い 3 本の枝の根元あたり，幹あたりの生物は，高温環境下が好きな嫌気性細菌らしい。

いずれにせよ，何らかのエネルギーによって（生命作用はなくても），複雑な有機物ができれば，そこから生命までの道のりは短かったと思われている。1 億年以下，ひょっとしたら，数百万年かもっと短かったかもしれないようだ。生命が発生するまでのシナリオはまだ確定していない。以下述べるのは，一つの考え方だ（図 16.3）。

原始大気 and/or 原始海洋 and/or 宇宙空間にあった単純な分子に，電撃や熱や紫外線な

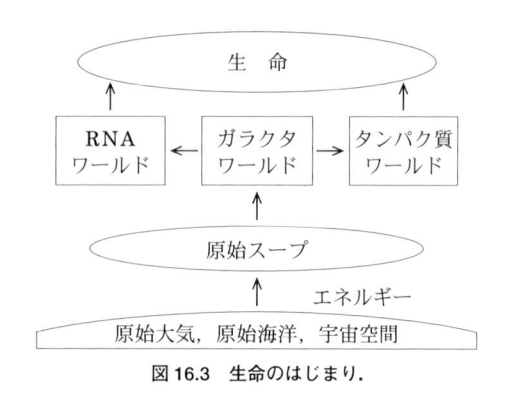

図 16.3 生命のはじまり．

ど何らかのエネルギーが作用して，まず最初にできたのは，原子数が数百とか数千とかの巨大な有機分子（ガラクタ高分子とよぶ）らしい。教科書などだと，簡単な分子から，まずアミノ酸・塩基・糖などの低分子化合物ができて，低分子化合物からタンパク質・核酸・多糖類などの高分子化合物ができ，高分子化合物が原始生命に発展していったと，書いてあるようだ。

しかし最近の話では，むしろ，最初に一気に，分子数の非常に大きな高分子化合物ができてしまう可能性が高いと思われている。ただし，この最初の有機高分子自体は，いろいろな分子がデタラメにくっつき合っただけで，それ自体は何の働きもしないものなので，ガラクタ（garbage）と称される。このガラクタ高分子からなる世界が「ガラクタワールド」だ。

次に，このガラクタ高分子が先切れていって，いろいろな低分子化合物ができていくわけだが，それらの中には，無意味で無用な化合物だけでなく，アミノ酸や糖などの有用な分子も含まれていただろう。

そのうちアミノ酸は20種類ある。たった20種類，されど20種類である。たった20種類のアミノ酸が，そのアミノ基とカルボキシル基の間で結合していって，つらなった高分子化合物がタンパク質だ。そしてタンパク質は，生体構造をつくる基本要素であると同時に，酵素やホルモンなど生体機能も司っている。このアミノ酸からタンパク質に至る流れが，「タンパク質ワールド」である。

一方では，糖にリン酸と塩基が結びついて「ヌクレオチド（nucleotide）」とよばれる構造単位となり，ヌクレオチドがつらなって「リボ核酸 RNA（ribonucleic acid）」

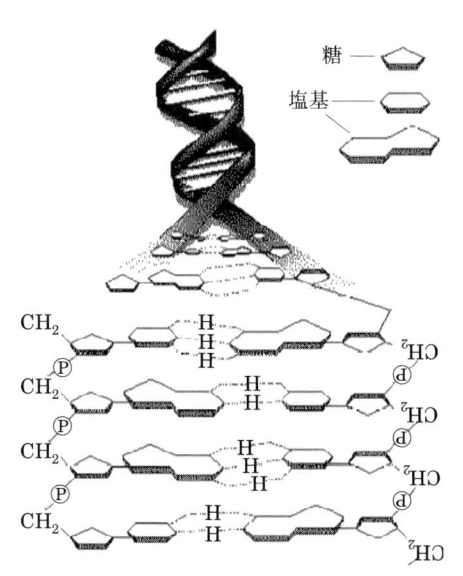

図16.4 デオキシリボ核酸 DNA の構造（http://academy.d20.co.edu/kadets/lundberg/images/dna.gif）．

や，さらには「デオキシリボ核酸 DNA（deoxyribonucleic acid）」を形成していっただろう（図 16.4）。RNA のヌクレオチドでは塩基の部分に，アデニン（A）・ウラシル（U）・グアニン（G）・シトシン（C）のどれかが入り，DNA では，アデニン（A）・チミン（T）・グアニン（G）・シトシン（C）が入る。この塩基の並びによって，生命の遺伝情報が伝えられているのは有名だろう。こちらが「RNA ワールド」だ。ちなみに，ウラシルの代わりにチミンが入ってもいいあたりが，一番最初がかなりデタラメだったことの名残かもしれない。

この RNA ワールド ―― 後に生命の情報をになう ―― とタンパク質ワールド ―― 後に生命の体となる ―― が出会ったところに，生命が誕生したのだと考えられている。

ちなみに，ヒトの DNA は幅 2 nm，長さ 1.8 m もの細いひも状で，そこに含まれるヌクレオチドは約 30 億対もある。ヌクレオチドの塩基が，AAA とか AAG とか三つ並んだ並び方が最小単位の遺伝情報（コドン）を構成し，この組み合わせが一つのアミノ酸を指定する。4 種類の塩基から 64 とおりの並び方がつくられるので，20 種類のアミノ酸には十分対応できる。実際には，異なる並び方が同じアミノ酸を指定したり，読み始めの指令や読み終わりの指令など，いろいろな冗長性がある。これも最初のデタラメさの名残だろう。

さらに，20 種類のアミノ酸がいろいろな順序で結合して，あるタンパク質の構造や働きが決まる。タンパク質は平均 300 個のアミノ酸からできているので（たとえば，血球のヘモグロビンは 574 個のアミノ酸からできている），それに相当する約 900 個の塩基配列が，いわば一つのタンパク質を合成するための遺伝子に相当する。そして，ヒトの DNA には約 30 億個の塩基があるので，30 億 ÷ 900 ＝ 約 300 万種類の遺伝子をもつとみなしていいだろう。しかも，実際には，ヒトの遺伝子は約 10 万種類ほどしかなく，したがって，DNA の運ぶ情報のうち数 % しか使われていない！

最初の光合成生物 (27億年前)

　最初の生物が生まれてから10億年くらいたって，ようやく最初の光合成生物が生まれた（最初の光合成生物が生まれたのは約32億年前らしいが，光合成生物が大量発生したのが約27億年前だとされる）。

　最初の光合成生物は，一説では，いわゆる「藍藻植物/シアノバクテリア (cyanobacteria)」だとされる（図16.5）。シアノバクテリアは光合成によって有機物を合成する一方で，酸素呼吸によって，アルコール発酵よりもはるかに高い効率でエネルギーを得ることができた。地球の各地に残っているストロマトライトやその化石に，シアノバクテリアの痕跡は残されている。

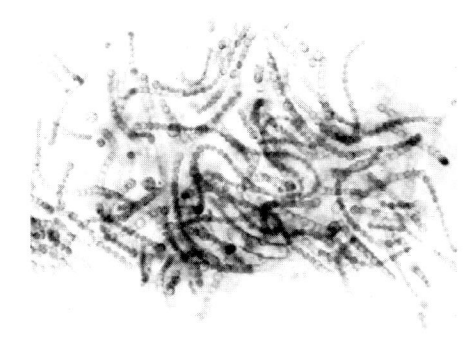

図16.5　シアノバクテリア.

　シアノバクテリアの出現によって，いよいよ生命は地球環境へも介入し始める。すなわち，酸素に満ちた大気の形成だ。地球と生命の「共進化」の始まりである。

酸素分圧の増加 (19億～21億年前)

　地球の原始大気は，二酸化炭素や窒素が主で，メタンやアンモニアも含まれていたが，酸素はなかった。二酸化炭素の大部分は原始海洋に溶けて，炭酸カルシウムとして固定された。もちろん，完全になくなってしまったわけではなく，一部は火山活動などで大気中に戻され，現在でも適度な温室効果を保っていられる。

　一方，シアノバクテリアが生まれて以来，彼らは一所懸命に酸素をつくってくれるのだが，しばらくの間は，大気中の酸素分圧はぜんぜん増加していない（図16.6）。というのも，原始海洋には大量の鉄イオンが含まれていて，最初のうちは，放出された酸素はすべて，海水中の鉄と反応し消費されたからだ。シアノバクテリアの酸素は，何億年もの間せっせと酸化鉄をつくって

いたのである。現在の縞状鉄鉱床の多くは，このころできたものらしい。海中の鉄分があらかたなくなってやっと，大気中に酸素が蓄積し始める。およそ，20億年前くらいのことだとされる。

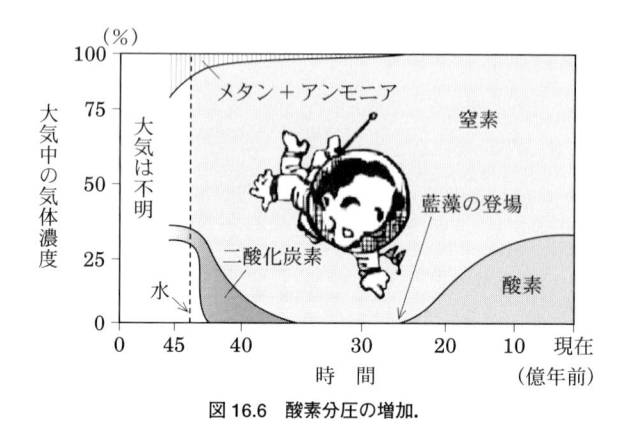

図 16.6　酸素分圧の増加.

　酸素大気が形成された結果，上空のオゾン層も形成され，酸素呼吸生物が陸上に進出したのは知ってのとおりだ。4億年前のころだとされる。

多細胞生物の出現（5億6000万年前）

　生物の進化にとっては，約4億年前の陸上への進出よりは，むしろ約5億6千万年前の多細胞生物の出現の方が重要かもしれない。いわゆる，カンブリアン・イクスプロージョン（カンブリア紀の生物種の爆発的発生）である。当時は，多細胞生物のさまざまなデザインが試され，そして大部分が棄てられた。三葉虫の捕食者でエビのような触手と円盤のような口をもったアノマロカリス，2列のトゲトゲをもち上下がややこしいハルキゲニア，五つ目と象の鼻のような口をもったオパビニア，そして脊椎動物の祖先だったかもしれないピカイアなどなど，NHKスペシャルなどで見たことのある人は多いだろう（図16.7）。当時は現在に比べ，はるかに多種多様な多細胞生物が闊歩していたのだが，大部分の種は，現在まで生き残ることなく，進化の舞台から消えてしまった。

　生命の進化の歴史では，ほかにも，コラーゲン生成による生物の大型化や，

ミトコンドリアや葉緑体の細胞内共生や，生物種の大量絶滅など，面白い話題が満載だが，まぁ，これくらいにしておこう。

生命の発生について，最後に一言だけ。

まず，生命の発生自体は，いくつかの環境が整えば，たとえば，液体の水が存在すること，おそらくマントル対流があること，そしてもしかしたら，巨大な衛星があることなど，一定の環境の条件があれば，生命の発生そのものは〈必然〉だろうということだ。太陽系内においては，このような発生条件を満たしたのは，地球以外には火星だけかもしれない（液体の水以外の媒体ならば，木星の巨大衛星などもあり得る）。しかし，太陽系外の惑星ならば，生命が発生する条件を満たす惑星はいくつでもあるだろう。

図16.7 カンブリア紀の生物種大爆発（http ://www.usc.edu/dept/mda/180evolution/IMAGES/bbae.html）．

一方で，生命が発生した後，進化のデザインはまったくのデタラメ，〈偶然〉的に見えることだ。生命は自分自身でさまざまなデザインを描くが，環境や環境の変化にマッチしたデザインは生き残り，そうでなかったものは消えたのだろう。だから，ほぼ同じ初期条件で，地球の誕生から生命の発生・進化までを繰り返したとしても，二度と人間は生まれないかもしれないのだ。

いずれにせよ，単純な造形から複雑さを増していく生命の進化は，単純な天体から複雑な構造形成へと続く宇宙の進化と並んで，エントロピーは増加するという熱力学の基本原理に楯突く謎に満ちた過程なのだ。星などと同じく，エントロピーを捨てる場所として，外界の存在が重要な役割を果たした

のかもしれない。

ハビタブルゾーン

　植物が葉っぱをもつのも，動物が受光器として眼をもつのも，すべて，母なる太陽が約 6000 K の表面温度をもつ G 型主系列星で，約 600 nm の黄色い波長の光を大量に放射しているためだ．すなわち，地球に緑の植物が発生したのは，太陽の光が黄色の光の成分が強いため，植物の葉緑体に含まれているクロロフィルが，その光をよく吸収した結果，あまり吸収されずに反射された光によって緑色に見えているのだ．…可視光だけでいうと，黄色の補色は青なので，青い色の色素の方が効率的かもしれないが，赤外光などの吸収まで考えると緑色の方が効率的なのだろう．

　人間の眼の視細胞が黄色の波長の光に対してもっとも感度がよいのも，同じ理由だ．赤い光を多く放射している表面温度が 3000 K 程度の M 型主系列星のまわりの惑星では，植物の色は青っぽいかもしれないし，逆に，青白い 10000 K くらいの A 型主系列星のまわりの惑星では，植物の色は赤っぽいかもしれない．いずれにせよ，もし惑星上に生命が発生すれば，母星の影響を強く受けながらも，環境に合わせて進化するだろう．

　ところで，そもそも生命が発生できるかどうかに対して，母星の影響で重要なのは，惑星の温度環境である．たとえば，表面温度が低い M 型主系列星のまわりでは，惑星があっても寒すぎて居住に適さなくなるだろう．一方，高温の A 型主系列星のまわりは，有害な紫外線などが多くてやはり惑星は居住できないだろう．母星の周辺で惑星が居住可能な領域を，「ハビタブルゾーン（habitable zone）；居住可能領域」とよんでいる．

惑星の放射平衡温度

　太陽系の中でも，水星のような灼熱の惑星や，外惑星のような極寒のガス惑星では，地球型の生物は生存できない．そこで，地球型生命が存在できる

外的環境として，もっとも基本的なものの一つとして，惑星の温度を考えてみる．太陽から可視光などで惑星表面に入射するエネルギーが，惑星表面から赤外線などでまんべんなく放射されると仮定して，惑星のアルベド（反射能）なども考慮し，エネルギー収支の観点から算出する惑星表面の温度が，「放射平衡温度」である（図16.8）．

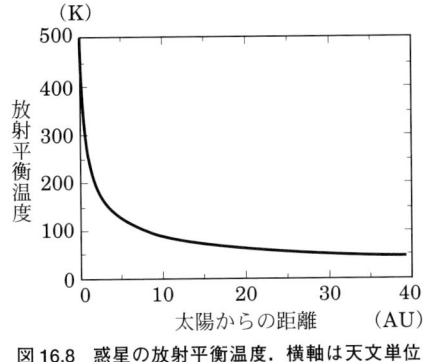

図 16.8　惑星の放射平衡温度．横軸は天文単位 AU を単位とした太陽からの距離で，縦軸は絶対温度で表した惑星の放射平衡温度．簡単のために，惑星のアルベド（反射能）は 0 とした．

表 16.2　惑星の放射平衡温度（アルベド = 0）

惑星	軌道長半径	放射平衡温度
水星	0.3871 AU	447 K
金星	0.7233	323
地球	1.0000	278
火星	1.5237	225
木星	5.2026	122
土星	9.5549	89.9
天王星	19.2184	63.4
海王星	30.1104	50.7
冥王星	39.5404	44.2

表 16.3　惑星の放射平衡温度（アルベド考慮）

惑星	アルベド	放射平衡温度
水星	0.06	440 K
金星	0.78	224
地球	0.30	255
火星	0.16	216
木星	0.73	87.9
土星	0.77	62.3
天王星	0.82	41.3
海王星	0.65	39.0
冥王星	0.54	36.4

　太陽からの距離の関数として放射平衡温度を表したものを図 16.8 に，各惑星の放射平衡温度を表 16.2（アルベド = 0）と表 16.3（アルベド考慮）に示す．

　もし，アルベドを考えずに地球の放射平衡温度を計算すると，278 K（5 ℃）くらいになるが（表 16.2），実際には，惑星のアルベドは 0 ではなく，入射エネルギーの一部は直接宇宙空間に反射されるので，放射平衡温度は小さめになる．たとえば，地球の場合は，アルベドは 0.3 なので，それを考慮する

と，放射平衡温度は255K（−18℃）くらいになる（表16.3）．さらに，惑星が大気をもつ場合は，大気の温室効果が温度を上昇させる．地球の場合は，大気の温室効果で温度が上がり，結局，平均気温は288K（15℃）くらいになっている．したがって，放射平衡温度が惑星の気温そのままになるわけではないが，惑星の温度環境を表す目安にはなる．

太陽系のハビタブルゾーン

以上述べたように，実際の惑星の温度は，惑星のアルベドや大気の有無にも左右されるが，以下では，簡単のために，アルベドも温室効果も考えないことにしよう．すなわち，単純なエネルギー収支だけから惑星の放射平衡温度を見積もる．そのとき，放射平衡温度が絶対温度で273K以下（零下）になれば，そのような惑星上では，水は凍り付くだろう．逆に，放射平衡温度が373K以上（沸点）になれば，そのような惑星上では水は沸騰してしまう．大ざっぱにいって，放射平衡温度が273K（0℃）から373K（100℃）の間でのみ，惑星上で液体の水が存在できることになる．

生命活動の維持にとって，液体の水の存在は不可欠であるという考え方からすると，惑星上で液体の水が存在できる範囲でのみ生命も存在でき，そのような惑星でのみ，生命も居住できると考えられるわけだ．そこで，母星のまわりの惑星軌道のうち，惑星の放射平衡温度が273K（0℃）から373K（100℃）の間になる領域を，「ハビタブルゾーン（居住可能領域）」とよぶのである．

太陽系の場合は，ハビタブルゾーンは，0.6天文単位から1.12天文単位の間である（図16.9）．

以上は，非常に単純な見積も

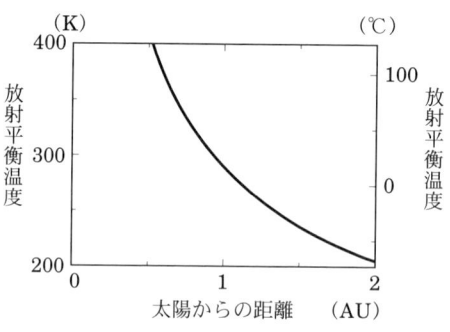

図16.9 太陽系のハビタブルゾーン．横軸は天文単位（AU），縦軸は左側が絶対温度で表した放射平衡温度，右側が摂氏で表した放射平衡温度．放射平衡温度が摂氏（右側の縦軸）で0℃から100℃の範囲に収まる領域がハビタブルゾーン．

りである。それでも，熱容量が小さな（したがって，熱しやすく冷めやすい）岩石でできた岩石惑星の場合は，大気や海洋の効果を無視できるので，それほど悪くはないだろう。しかし，地球のように海洋でおおわれた水惑星の場合は，海洋が熱をためて応答が遅れるので（その結果，地球の場合は，もっとも暑い時期が夏至より2か月くらい遅くなる），その分，複雑になるだろう。さらに，大気があり雲が生じる環境にあると，高温環境では雲が発生してアルベドが変わるので，さらに複雑になる（低温環境でも氷結して，アルベドが変わる）。大気の温室効果も重要になる。海洋による緩和作用やアルベドの効果を取り入れると，なかなか難しそうだ。

系外惑星の探査

大昔から人々は，太陽以外の星のまわりにも惑星が存在するのではないかという疑問を抱いてきた。そして実際に20世紀の末になって，太陽系以外の恒星系で惑星が続々と見つかり始めた。これらの太陽系外の惑星のことを，現在では「系外惑星（exoplanet）」と総称している（図16.10）。

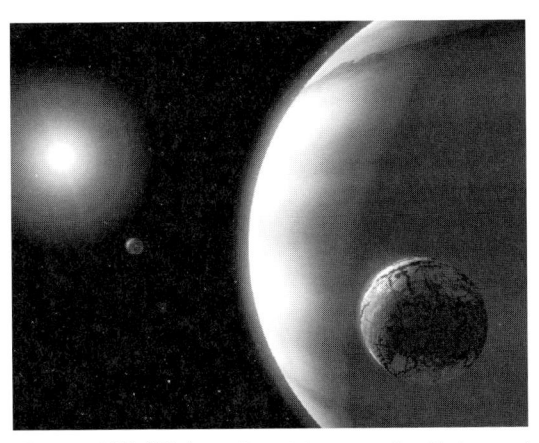

図 16.10　系外惑星（http://ipac.jpl.nasa.gov/media_images/large_jpg/artist/extrasolar2.jpg）．

系外惑星の発見

　系外惑星の探査は，観測技術が発展した 1980 年代初頭から本格的になったのだが，最初の発見の栄誉に輝いたのは，ジュネーブ天文台のミッシェル・マイヨール（Michel Mayor）とディディエ・ケローズ（Didier Queloz）たちだ。彼らは 1995 年，ペガスス座 51 番星のまわりを巨大惑星が公転していることを突き止めたのだ。惑星発見のニュースで，当時の天文業界のネットワークは騒然となったものである。

　ペガスス座 51 番星は 42 光年の距離にある 5.5 等の G5 型主系列星だ。主星の光のドップラー効果の変動から，主星が約 4.2 日の周期でふらつく運動をしていることがわかった。そして，木星の半分くらいの質量の惑星が，51 番星から 700 万 km くらいの距離を 4.2 日の周期で公転していることが判明した（図 16.11）。ところで，今何気なくに 700 万 km と述べたが，これは太陽半径の 10 倍 "しか" ない。あるいは，地球–太陽間の距離の 20 分の 1 にすぎない。つまり，ペガスス座 51 番星で見つかった惑星は，母星のすぐそばを公転しているのだ。したがって，母星に照らされて高温状態になっていると想像される。そのため，このようなタイプの系外惑星を「灼熱木星/ホットジュピター（hot Jupiter）」

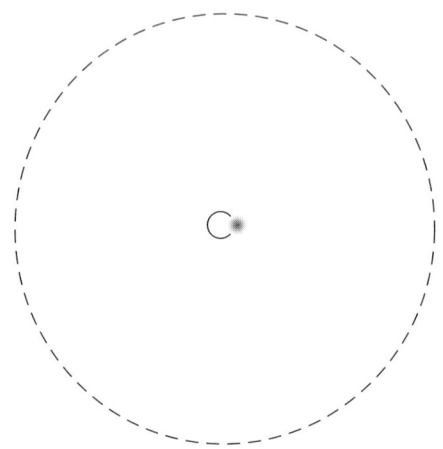

図 16.11　ペガスス座 51 番星の惑星軌道．破線は 1 天文単位の半径の円を表している．

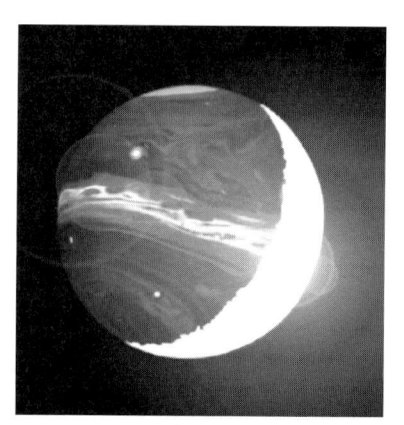

図 16.12　ホットジュピター HD149026 の想像図（http://www-int.stsci.edu/~inr/thisweek1/thisweek/HD149026.jpg）．

とよぶことがある（図16.12）。

　また，1999年には，アンドロメダ座ウプシロン星のまわりに，三つ（！）の惑星が回っていることがわかった。ほかにも，一つの恒星系で複数個の惑星が発見されているものもある。おそらく（まだ，見つかっていないだけで），惑星は複数個あるのが普通なのだろう。これらのように，複数個ある場合を，「多重惑星系/マルチプラネッツ（multi-planets）」とよぶことも多い。

　また，系外惑星の中には，アンドロメダ座ウプシロン星のように，大きな離心率をもった惑星も少なくない。これらはしばしば「長円惑星（偏心惑星）/エキセントリック・プラネット（eccentric planet）」とよぶ。

　現在でも，系外惑星の発見は続いており，2008年の段階で，約270個もの系外惑星が見つかっている。今はまだ観測精度の関係から，発見されている惑星は巨大ガス惑星が多いが，スーパー地球と呼ばれる地球の数倍の岩石惑星も見つかりはじめている。ケプラー天文台（NASA）も打ち上がり，発見された系外惑星数はすでに1000個を超えた。地球型惑星——第二の地球が見つかるのも，そう遠くないだろう。

宇宙人はどこにいる！

　この広い宇宙には，われわれ地球人以外にも，生物さらには知的生物宇宙人が存在しているのだろうか。それとも，この広い宇宙に生命が存在しているのは地球だけなのだろうか。核物理学者のエンリコ・フェルミ（1901～1954）が1950年，「宇宙人がおるんやて!?　ほなら，そいつらはいったいどこにおんねん!!」と，おそらくイタリア語なまりの英語で問うた。そこで今日，宇宙人はいったいどこにいるのかという，これまで繰り返し問われてきた問いは「フェルミパラドックス」とよばれている。

　宇宙人が存在するか否か，宇宙人までいかなくても，宇宙生命が存在するか否かは，宇宙の起源や地球生命の起源などと並び，天文学の究極命題の一つである。天文学にはさまざまな研究対象があり，それぞれでいろいろな成果が上がっているが，その中でも，とりわけ火星探査や系外惑星の探査があれだけ話題になるのも，そこに地球以外における生命の存在がからんでいるからこそである。

　微生物形態の生命や過去の生命の痕跡なども含めて，宇宙に存在するかもしれない生命について調べる分野を，「生命天文学，宇宙生物学（bioastronomy）」とよんでいる（類似の用語には，「異星生物学（exobiology）」とか「異生物学

（xenobiology）」というよび方もある）。

　天文学はもともと，物理学から化学・生物学・地学に至るまで，さまざまな科学の知識を必要とされる総合的な学問分野なのだが，その天文学の中でも，宇宙人に関して研究する分野はとりわけ総合科学的な色彩が強い。人類が蓄積してきたあらゆる科学知識が試される分野といってもよい。
・そもそも生命とは何か
・炭素質ベースの地球型生命以外にもケイ素質ベースなどの生命体は可能なのか
・地球型の惑星はどのように形成され，いくつくらい存在するのか
・地球型惑星の上で，生命はどのように発生し進化するのか
・他の惑星で発生し進化した知的生命は，どのような精神構造をとるのか
・それらの知的生命は，どのような社会構造を発達させるのか
・どのように技術文明は発達し，さらには高度な技術文明の形態はどうなるのか
などなど，天文学的，化学的，生物学的，工学的，社会学的，心理学的，にさまざまな検討を必要とするのである。

【章末問題：ハビタブルゾーン】
放射平衡温度は軌道長半径の何乗に比例しているだろうか。それはなぜだろうか。
（ヒント：光量の変化とステファン-ボルツマンの法則）。
また系外惑星グリーゼ581cと581dについて調べてみよ。

17章　青い惑星：地球システム

地球のながめ（提供：NASA）

　宇宙から撮られた地球の写真を他の惑星の写真と比べると，地球は，漆黒の闇に浮かぶ青と白と茶色に彩られた本当に美しい惑星だということが実感される。水と酸素を有し，十分な太陽エネルギーを受けて，何十億年もの昔から生命を育んできた青い惑星，地球。そのシステムは物理的には安定な平衡状態からかけ離れた状態にありながら，長年にわたって比較的安定して維持されているように見える。地球と生命は，お互いに支え合いながら"共進化"してきたのかもしれない。
　ここでは，故郷の惑星，地球について，地球システムの概要やエネルギー収支などを考えたい。

地球のながめ

　地表付近の構造は，いわゆる地面とその下の固体地球である「地圏（geosphere）」，海洋や湖水や河などたまったり流れたりする水の領域である「水圏（aquashere」，そして，それらを薄膜のように包み込んでいる大気層である「気圏（atmosphere）」に大きく分かれている。しかし，宇宙から地球をながめたとき，これらの領域は重なり合って渾然一体となり，生命を育む「生命圏（biosphere）」をなしていることが実感できるかもしれない（203ページ章扉，図17.1，図17.2）。

　生物は体の中に海を抱えているという。生命は海で発生し，酸素を生み出した後で陸上に進出したのだが，その際に，体液として海を携えていったというのだ。実際，脊椎動物は，体重の7割から8割くらいが体液（水分）だ。しかも，体液の元素組成で，塩分の割合は海水のものと似ている（表17.1）。

図17.1　昼の地球（http://images.google.co.jp/imgres?imgurl =http://www.bophoto.com/WinCE/HPC/HPC-earth-map.jpg）。

図17.2 夜の地球（http://www.visualpharm.com/wallpaper/earth_at_the_night_1280x1024.jpg）．

表17.1　人体・海水・太陽・地表の元素組成

含量順位	1	2	3	4	5	6	7	8	9	10
人体	H	O	C	N	Ca	P	S	Na	K	Cl
海水	H	O	Cl	Na	Mg	S	Ca	K	C	N
太陽	H	He	O	C	Ne	N	Mg	Si	Fe	S
地表	O	Fe	Si	Mg	S	Ni	Al	Ca	Na	Cr

たとえば，人体に含まれる元素を多い順に並べると，酸素，炭素，水素，窒素がまず多く，カルシウム，リン，イオウ，ナトリウム，カリウム，塩素と続く．有機物をつくっている炭素と窒素を除けば，確かに，大部分が水と塩分である．

さて，生命の存在にとって不可欠な水だが，惑星地球においては，水（海水）は個々の生命だけではなく，地球全体の気候に対しても多大な影響を与えている．しばしば，地球は"水惑星"だといわれる．地球表面の7割が水でおおわれているためだ．地球上に存在する水分の約97％は海水で，残り

3％のうち，2％は極氷や氷河，1％程度が湖水・河川水・地下水である。大気中の雲や水蒸気は 0.001％程度にすぎない。しかし，大気中の水分が非常に少ないとはいえ，海，陸，大気の間での水の循環が気候の緩和に大きな役割を果たしているのである。

すなわち，海から蒸発した水蒸気は，上空で凝結して雲となるが，蒸発するに際しては潜熱を吸収するので，日射による加熱を緩和するし，凝結するに際しては潜熱を放出するので，冷却を緩和する。そもそも，水は岩石などより比熱が大きいので，海洋は陸地よりも暖まりにくく冷めにくく，海洋の存在は気候（温度）の変化を小さくする。海洋の存在によって，地球の気候は非常に穏やかなものとなっているのである。

非平衡開放系

現在の地球では，太陽から地球に入射するエネルギーは，大気の表層で反射されたり，大気や海洋や地表などの間で温室効果などを受けながら，地球に吸収され，また同等の量が宇宙空間に放出されている（図 17.3）。全体としては「エネルギー収支（energy balance）」が保たれているが，これはいわゆる「熱力学平衡（themodynamic equilibrium）」とは異なるものだ。

もし，地球が完全な熱平衡になっていたら，そこは温度が一定のまったく変化のない世界で，生命の多様性など生まれ得なかったはずだ。外界からエネルギーを受け，不要な廃熱を外界にエントロピーとして捨てているからこそ，熱力学的な平衡状態から遠くかけ離れた状態を維持し，複雑性や多様性を成長させることができた。そのような意味で，地球システムは，システムとしては，生命などのシステムに似た側面がある。平衡状態ではなく，外界とエネルギーやエントロピーのやり取りができる開いた系を「非平衡開放系」とよんでいる。

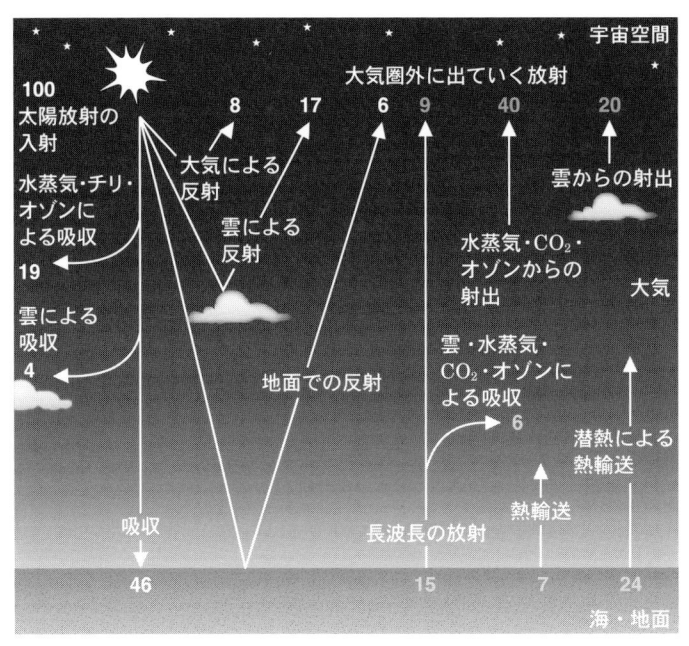

図 17.3 地球のエネルギー収支 (http://www.srh.weather.gov/).

暗い太陽のパラドックス

地球表面のアルベド（反射能）は 0.3，すなわち，太陽から入射するエネルギーの 3 割は上層で宇宙空間に反射され，地表まで届くのは 7 割である。このことを考慮して，太陽から地表まで届く入射エネルギーが，赤外線などでまんべんなく宇宙空間に放射されるとして，エネルギーバランスから地表の温度――放射平衡温度――を弾き出すことができる。具体的には，$-18°C$（255 K）ほどになる。実際には，地表の平均温度（標準大気）は 15°C（288 K）ほどで，放射平衡温度より 33°くらい高いのは大気の温室効果のためである。

このように，現在の地球に関しては，細かなエネルギー循環はともかく，おおまかなエネルギー収支は問題ない。問題なのは，過去の地球である。

星の進化論からは，太陽の光度は一定ではなく，誕生以来，徐々に明るくなってきている。逆にいえば，過去の太陽は現在よりも暗くて，たとえば，

地球が生まれた46億年前には,太陽は現在よりも30％くらい暗かったと考えられている。太陽が暗ければ,地表の温度も低かったはずで,カール・セーガン（Carl Sagan, 1934～1996）たちの計算では,20億年くらい前には地表温度が零度以下になることになった（図17.4）。ところが地質学的な記録からは,過去も地表の温度は高く,液体の海も38億年前から存在していたと考えられている。この理論と観測の不一致を,「暗い太陽のパラドックス」とよんでいる。

この暗い太陽のパラドックスが生じたのは,大気組成を一定と仮定したことに原因があると考えられている。すなわち,過去の地球では,現在よりも二酸化炭素が多く,そのため温室効果が強く働いていて,太陽光度が現在よりも小さかったにもかかわらず,地表温度は低くなかったのだ。しかし,問題は複雑であり,地球システム全体にかかわる話で,現在でも完全に解決しているとはいいがたいようだ。

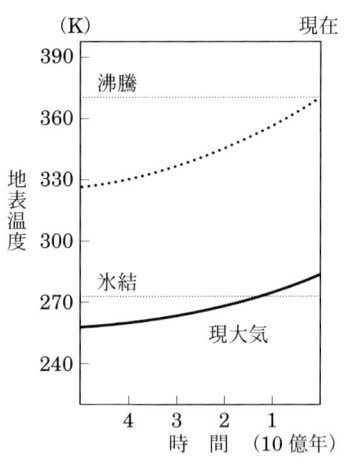

図17.4 暗い太陽のパラドックス．実線は現在の大気組成の場合で,過去にさかのぼると,20億年くらいで地表温度は氷点下になる．点線は現在の大気組成に10万分の1の割合で,アンモニア,メタン,硫化水素を加えた場合で,逆に温度が高すぎる．Sagan and Mullen (1972) にもとづく．

明るい太陽のパラドックス

現在の地球では,温室効果は主に水蒸気が引き起こしているが,過去の地

球では,二酸化炭素が重要な役割を果たしていた。実際,二酸化炭素が多くて温室効果が十分に働いたために,太陽光度が小さいにもかかわらず,地表の温度は液体の水が存在できるほどには高かったわけだ。そのおかげで,暗い太陽のパラドックスは回避できた。しかし,過去の地球における二酸化炭素の量を評価してみると,必要以上に多いのである。

大気中の二酸化炭素の量は,大気や海洋や海洋底(地殻)の間での炭素循環によって決まるのだが,生物の存在しない地球を考えると,化学的な平衡によって,炭素量の分配が決まってくる。

現在の地表付近に存在する炭素の総量は,大気圧にして $60 \sim 80$ 気圧くらいあるので,たとえば一つの試算では,無生命の地球では大気の総気圧は 60 気圧,二酸化炭素の量は 98 ％と,まるで金星並になる(表 17.2)。

表 17.2 無生命の地球の大気組成

気体	金星	地球	無生命の地球
二酸化炭素	97 ％	0.03 ％	98 ％
窒素	3.5 ％	79 ％	1.9 ％
酸素	微量	21 ％	0
総気圧	90	1	60

実際には地殻などに分配され,さらに海洋にも溶け込むので,大気中の二酸化炭素の分圧は,10 気圧以下,0.2 気圧くらいまで下がるようだ。しかし,0.2 気圧あっても十分多量である。そんなに二酸化炭素があれば,温室効果が暴走して,地球は金星のような状態になってしまうだろう。これを「明るい太陽のパラドックス」とよんでいる。別に太陽が明るいわけではないが,言葉の語呂合わせだろう。

ガイア仮説

地球が誕生して以来,太陽の光度は一定ではなく 30 ％も増加してきた。

このような外的環境の変化に対して，地球システムは，理論的には不安定なように見えるが，実際にはずっと安定な状態を維持し続けている。それが可能になったのは，おそらく，太陽光度のような外的環境が変化するにしたがい，大気組成のような内的性質が，外的環境による影響をうまく打ち消す方向に変化してきたからだろう（いわゆる，負のフィードバック効果である）。そして，大気組成の変化は生命活動とも密接なつながりがあることから，地球システムが安定な状態を保てるのは，結局は，生命の存在に負うところが大きいのかもしれない。

デイジーワールド

生命活動が惑星環境を安定化させる極端な方向が，ジェームズ・ラブロックやリン・マーギュリスたちが，1970年代にガイア仮説に関連して提案した「デイジーワールド（daisyworld）」である。以下のようなモデルである。

惑星の全表面をヒナギク（図 17.5）がおおっている仮想的な惑星〈デイジーワールド〉を想像してほしい（図 17.6）。

ヒナギクが成長するには，最適な気温（たとえば 23 ℃）があって，気温があまり低いと（たとえば，5 ℃以下）ヒナギクは育たないし，逆に，あまり高くても（たとえば，40 ℃以上）ヒナギクは枯れてしまう。また，ヒナギクには，白いヒナギクと黒いヒナギクの 2 種族がある。黒いヒナギクは，

図 17.5　ヒナギク．

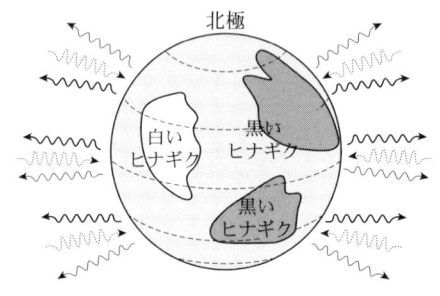

図 17.6　デイジーワールド（http://www.carleton.edu/daisyworld_model.htm）．

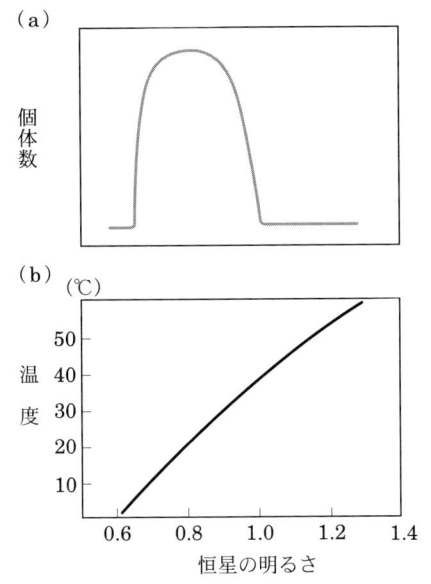

図17.7 デイジーワールド1. ヒナギクが1種類しか存在しなければ,恒星の明るさが増加するとともに惑星の温度も増加する (b). そして,その外的環境下でヒナギクの生育は決まる (a). 生物相と惑星環境の相互作用はない.

反射能(アルベド)が低いので太陽光を吸収しやすく,したがって,日射が弱いときにも生育できるが,日射が強くなるとダメになる。一方,白いヒナギクは,アルベドが高く太陽光を反射しやすいので,日射が弱いときはダメだが,日射が強くなっても頑張りがきく。

まず,白いヒナギク(あるいは黒いヒナギク)の1種族しか存在しないとしよう(図17.7)。この場合,惑星の環境(たとえば,気温)は外的な物理的条件だけで定まるだろう。すなわち,太陽の明るさが増加するのとともに,気温も次第に上昇するだろう(図17.7(b))(物理的・化学的な大気組成の変化などは,今は考えない)。そして,デイジーの生育はその温度変化に依存し,気温が適当になると繁栄するが,耐えきれないほど暑くなると死滅するしかない。この場合は,生物相と惑星環境の相互作用は起こらない。

しかし,白いヒナギクと黒いヒナギクの両方の種族が存在するデイジーワールドでは,両種が競合して変化するため,結果は大きく異なる(図17.8)。

17章 青い惑星:地球システム

(a)

個体数

(b) (℃)

温度

50
40
30
20
10

0.6　0.8　1.0　1.2　1.4
恒星の明るさ

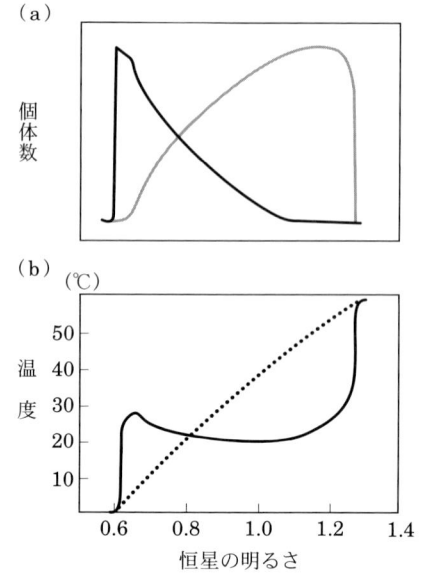

図 17.8　デイジーワールド 2．黒いヒナギク（黒い実線）と白いヒナギク（灰色の実線）と，ヒナギクが 2 種類存在すると，生物相と惑星環境の相互作用が劇的に変化する (a)．2 種類のヒナギクの生育パターンのフィードバックを受けて，惑星の温度（(b)の実線）は安定化される．

すなわち，太陽の明るさが小さい間は，黒いヒナギクが白いヒナギクより有利なため，個体数が増加する（図 17.8(a)の黒い実線）。その結果，（ヒナギクにおおわれた）惑星全体のアルベドも下がるので，太陽光を十分に吸収することが可能になり，惑星気温の上昇をもたらす。しかし時間がたって，太陽の明るさが大きくなると，黒いヒナギクの成長は抑えられ，逆に，白いヒナギクが繁栄する（図 17.8(a)の灰色の実線）。その結果，惑星全体のアルベドは上がり，気温を下げる働きをする。このような生物相からのフィードバックを受けて，惑星環境（気温）は，長期間にわたり安定化されるだろう。デイジーワールドにおいて，惑星の環境（この場合は，気温）と生物相の変化は，お互いに影響を及ぼし合って，ともに進化していく！のである。

ガイア仮説

　金星や火星の大気成分は，95％くらいが二酸化炭素で，数％の窒素と微量の希ガスがあるが，酸素はほとんどない。原始地球の原始大気も，そして，仮に生命が生まれなかった"無生命の地球"の大気も，おそらく同じような成分だったと推測されている（表18.2）。しかし，現在の地球大気は，二酸化炭素は0.03％程度にすぎず，窒素が79％，そして酸素が21％もある。この状況が生命の存在による惑星規模の影響であることは明らかだ。すなわち，海洋に溶けた二酸化炭素が，おそらく生物の作用によって炭酸カルシウムとして固定され，一方で，生物が一所懸命発生させた酸素は，最初のうちこそ酸化鉄で消費されたが，20億年前くらいからは大気中に蓄積していった。そして，現在では，ほぼ21％で固定されている。

　ところで，大気中の酸素濃度は，何億年も前から21％で一定となり，増えたり減ったりしていない。なぜ25％や30％でなく，21％なのだろう。生物は今でも一所懸命酸素を発生しているだろうに，なぜ増えていかないのだろう。

　実は，酸素分圧が高くなると，自然発火や落雷による森林火災が起こりやすくなるのだ。現在の酸素濃度の場合，木々の水分含有率が15％くらいになっても，自然火災は起こらない。しかし，たとえば，酸素濃度が25％になっただけで，水分含有量が数十％になっても，すなわち，湿った小枝や降雨林でも自然発火してしまう。そして，森林火災などの自然火災がたびたび起こると，当然酸素を消費するので，酸素濃度は低下する。これはいわゆる"負のフィードバック作用"である。すなわち，酸素分圧が高くなりすぎると，自然火災によって酸素分圧を下げる方向にシステムが動作する。

　酸素濃度だけでなく，大気の気温，酸性度，などなど，地球表面のバイオスフィア（生命圏）の状態が，生物相の無意識的自動的なフィードバック作用によって，一定の状態に保たれている，すなわち「恒常性/ホメオスタシス（homeostasis）」が維持されている，という考え方がある。イギリスの自然科学者ジェームズ・ラヴロック（James Lovelock, 1919〜）が1970年代に提唱した概念で，ギリシャ神話の大地の女神ガイアの名前をとって「ガイ

ア仮説」とよばれている。ガイア仮説では，地球の大気・海洋・気候・地殻など地球生命圏が，生物自身の活動によって，生命にとって快適な状態に調節されていると考えるのである。

　もっとも，ガイアという言葉だけが一人歩きして，まるで地球生命圏が人格・目的意識をもっているように誤解されている場合があるが，ラブロックはそこまでは主張していない。あくまでも，結果として生命の存在に都合がいいように，生物相が惑星環境に影響を与えているというだけで，そこに意識や意図は存在しない。

　最近でこそ，地球と生命の「共進化（co-evolution）」ということがよくいわれるが，ガイア仮説は共進化にはるかに先駆けた概念で，かつ，よりラジカルな概念だといえる。生命と環境はきわめて密接にからみ合っていて，生命の進化は，個々の生物相や環境だけに起こるというよりは，それらをひっくるめた地球生命圏＝ガイアに起こるといった方がふさわしいのかもしれない。

【章末問題：ここはどこ，わたしはだれ】
・あなたは今どこにいるのか
・あなたはだれなのか
・あなたはどこからきたのか
・あなたはどこへいくのか
・それはなぜ

参考図書

①粟野諭美他（著），『天空からの虹色の便り——マルチメディア宇宙スペクトル博物館〈可視光編〉』（裳華房，2001）
②福江　純（著），『〈見えない〉宇宙の歩き方』（PHP研究所，2003）
③カール・セーガン（著），『百億の星と千億の生命』（新潮社，2004）
④沼澤茂美・脇屋奈々代（著），『宇宙の事典』（ナツメ社，2004）
⑤粟野諭美・福江　純（編著），『最新宇宙学——研究者たちの夢と戦い』（裳華房，2004）
⑥嶺重　慎・小久保英一郎（編著），『宇宙と生命の起源』（岩波書店，2004）
⑦福江　純（著），『ブラックホールは怖くない？——ブラックホール天文学基礎編』（恒星社厚生閣，2005）
⑧嶺重　慎・有本淳一（編著），『天文学入門』（岩波書店，2005）
⑨荒木俊馬（著），『復刻版　大宇宙の旅』（恒星社厚生閣，2006）
⑩ミチオ・カク（著），『パラレルワールド』（NHK出版，2006）
⑪福江　純（著），『シネマ天文楽入門』（裳華房，2006）
⑫谷口義明（著），『宇宙を読む』（中公新書，2006）
⑬作花一志・福江　純（編著），『歴史を揺るがした星々』（恒星社厚生閣，2006）
⑭岡村定矩他（編），『人類の住む宇宙（シリーズ現代の天文学　第1巻）』（日本評論社，2007）
⑮桜井邦朋（著），『新版　天文学史』（筑摩書房，2007）
⑯福江　純・粟野諭美（編著），『宇宙はどこまで明らかになったのか』（ソフトバンククリエイティブ，2007）
⑰リサ・ランドール（著），『ワープする宇宙』（NHK出版，2007）
⑱福江　純（著），『光と色の宇宙』（京都大学学術出版会，2007）

付録1
単位と換算表

物理量	単位	記号	SI 単位	cgs 単位
時間	秒	s	$1\,\text{s}$	$1\,\text{s}$
	分	m	$60\,\text{s}$	$60\,\text{s}$
	時	h	$3600\,\text{s}$	$3600\,\text{s}$
	年	yr	$3.1557 \times 10^{7}\,\text{s}$	$3.1557 \times 10^{7}\,\text{s}$
長さ	メートル	m	$1\,\text{m}$	$10^{2}\,\text{cm}$
	センチメートル	cm	$10^{-2}\,\text{m}$	$1\,\text{cm}$
	ナノメートル	nm	$10^{-9}\,\text{m}$	$10^{-7}\,\text{cm}$
	オングストローム	Å	$10^{-10}\,\text{m}$	$10^{-8}\,\text{cm}$
質量	キログラム	kg	$1\,\text{kg}$	$10^{3}\,\text{g}$
	グラム	g	$10^{-3}\,\text{kg}$	$1\,\text{g}$
	原子質量単位	u	$1.6605 \times 10^{-27}\,\text{kg}$	$1.6605 \times 10^{-24}\,\text{g}$
平面角	ラジアン	rad	$57°17'44''$	$57°17'44''$
	度	°	$\pi/180\,\text{rad} = 1.7453 \times 10^{-2}\,\text{rad}$	
	分角	′	$\pi/10800\,\text{rad} = 2.9089 \times 10^{-4}\,\text{rad}$	
	秒角	″	$\pi 648000\,\text{rad} = 4.8481 \times 10^{-6}\,\text{rad}$	
	ミリ秒角	mas	$0.001\,\text{秒角} = 4.8481 \times 10^{-9}\,\text{rad}$	
振動数	ヘルツ	Hz	$1\,\text{s}^{-1}$	$1\,\text{s}^{-1}$
力	ニュートン	N	$1\,\text{kg m s}^{-2}$	$10^{5}\,\text{dyn}$
	ダイン	dyn	$10^{-5}\,\text{N}$	$1\,\text{g cm s}^{-2}$
エネルギー（仕事）	ジュール	J	$1\,\text{N m}$	$10^{7}\,\text{erg}$
	エルグ	erg	$10^{-7}\,\text{J}$	$1\,\text{erg}$
	電子ボルト	eV	$1.6022 \times 10^{-19}\,\text{J}$	$1.6022 \times 10^{-12}\,\text{erg}$
仕事率	ワット	W	$1\,\text{J s}^{-1}$	$10^{7}\,\text{erg s}^{-1}$
温度	ケルビン	K	$273.15 + ℃$	
物質量	モル	mol		

付録2
基礎物理定数

名称	記号	数値	SI単位	cgs単位
真空中の光速度	c	2.9979	10^8 m s^{-1}	10^{10} cm s^{-1}
万有引力定数	G	6.6726	10^{-11} N m^2 kg^{-2}	10^{-8} dyn cm^2 g^{-2}
プランク定数	h	6.6261	10^{-34} J s	10^{-27} erg s
ボルツマン定数	k	1.3807	10^{-23} J K^{-1}	10^{-16} erg K^{-1}

付録3
基礎天文定数

種類	名称	記号	数値
時間	太陽年	yr	= 365.2422 d = 3.1557 × 10^7 s
	恒星年	yr	= 365.2564 d = 3.1558 × 10^7 s
長さ	天文単位	AU	= 1.4960 × 10^{13} cm
	光年	ly	= 9.4605 × 10^{17} cm
	パーセク	pc	= 3.0857 × 10^{18} cm
地球	赤道半径	$R_\oplus$	= 6.3781 × 10^8 cm
	質量	$M_\oplus$	= 5.974 × 10^{27} g
	平均密度	$\rho_\oplus$	= 5.52 g cm^{-3}
太陽	赤道半径	$R_\odot$	= 6.690 × 10^{10} cm
	質量	$M_\odot$	= 1.989 × 10^{33} g
	平均密度	$\rho_\odot$	= 1.41 g cm^{-3}
	光度	$L_\odot$	= 3.85 × 10^{33} erg s^{-1}
	有効温度	$T_{\rm eff}$	= 5780 K
	実視等級	m_v	= −26.74
	実視絶対等級	M_v	= +4.83
	太陽定数		= 1.37 kW m^{-2} = 1.96 cal cm^{-2} min^{-1}
宇宙	ハッブル定数	H_0	= 67.8 km s^{-1} Mpc^{-1}
	密度パラメータ	Ω	= 1
	宇宙年齢	T_0	= 138 億年

章末問題のヒントと解答

1章
1. 【窮理学】古い言葉を調べると，いろいろトリビアな話もわかって，なかなか面白い。
2. 【表現力】メリハリをつけた文章，ダイナミックな色づかい，ツカミ・本ネタ・オチの話し方などいろいろあるだろう。受け売りではなく自分の言葉，オリジナルな内容であることや，相手を楽しませることも重要だ。ようはサービス精神が基本ということだろうか。

2章【沈む夕日，語る時間】

太陽の直径 = 1 天文単位 × tan 32′ = 1.4960 × 1011 m × 0.00931 = 137 万 km
太陽の直径 = 139 万 km（『理科年表』）

これくらいの違いは許容範囲で OK。

月の直径 = 3476 km（『理科年表』）

日没にかかる時間は太陽の直径 32′ は約 0.5°になる。一周 360°が 24 時間に相当するので，概算としては，

24 時間 × 0.5°/ 360°= 約 2 分

講義で学生に尋ねると，たいてい 5 分くらいあたりが多数派である。

3章【身の回りの電磁波】

電波は，ラジオ，FM 放送，テレビ，衛星放送はもちろん，携帯電話など，日常生活のいろいろなところで使われている。電子レンジも，波長 15 cm 程度のマイクロ波を発生して，食品の中の水分子を加熱しているのだ。

暖房器具はもちろん，農業，工業，医療，通信，資源探査，気象観測など，さまざまな分野で赤外線が利用されている。

紫外線は化学作用を起こすから，殺菌灯その他，いろいろに利用されている。蛍光物質に当てて光らせるブラックライトも紫外線を出している。

X 線は，レントゲンなどの医療用をはじめ，非破壊検査や空港の手荷物検査など，

いろいろなところで利用されている。

ガンマ線は，ガン治療などの医療用や品種改良などに使われている。

4 章【星の彼方】

セファイド型変光星というタイプの変光星では，明るい星ほど変光の周期が長いという性質があって「セファイドの周期光度関係」と呼ばれている。この関係を用いると，遠くの銀河でセファイド型変光星を見つけ，その周期を測定すれば，その銀河までの距離がだいたい求まる。ちなみに，この周期光度関係は，物理的には単純な理由だ。たとえば，弦楽器にせよ打楽器にせよ，サイズが大きいほど音の振動の周期が長いために低音になる。星の場合，一般に質量が大きいほど，明るくなり半径も大きい。セファイド型変光星では星全体が振動するので，大きくなるほど（明るくなるほど），低音になり，周期が長くなるのである。

超新星には，I 型や II 型などいくつかのタイプがあるが，Ia 型と呼ばれるタイプでは，爆発時の明るさがほぼ揃っていることがわかっている。したがって，遠方の銀河で Ia 型超新星爆発を観測すれば，その銀河までの距離がおおむねわかる。15 章も参照。

宇宙のどの方向を見ても，遠くの銀河は赤方偏移しており，さらに遠方の銀河ほど赤方偏移が大きい，すなわち，遠方の銀河ほどわれわれから高速で遠ざかっている。われわれの宇宙が膨張していることを意味する，エドウィン・ハッブル（Edwin Powell Hubble，1889〜1953）が 1929 年に発見したこの観測事実を，「ハッブルの法則（Hubble's law）」とよんでいる。遠い銀河ほど後退速度が大きい，ということは，中学校で習う簡単な比例式で表せる。地球から銀河までの距離を r，銀河の後退速度を v と置けば，この関係は，

$$v = Hr$$

という比例関係になる。この関係が「ハッブルの法則」で，比例定数 H が「ハッブル定数（Hubble constant）」だ。ハッブル定数は，一口で言えば，宇宙の膨張の程度を表しているものである。すなわち，ハッブル定数は，1 Mpc（326 万光年）彼方での銀河の後退速度［km/s］の目安になっている。現在では，ハッブル宇宙望遠鏡による遠方銀河の探査や Ia 型超新星の観測などから，ハッブル定数の値は，

$$H = 67.8 \pm 0.9 \text{ km/s/Mpc}$$

程度だと推測されている。

5 章【名前アラカルト】

本文からこぼれたトリビアとして，連星の場合，たとえばシリウスだと，最初に見つかった主星はシリウス A，後に見つかった伴星（白色矮星）はシリウス B となる。最近話題の系外惑星では，たとえばグリーゼ 581 という星のまわりをめぐる惑星の場合，見つかった順に，グリーゼ 581b，グリーゼ 581c，グリーゼ 581d となる。

6 章【宇宙観の変遷】

参考図書⑬の『歴史を揺るがした星々』が参考になるだろう。

7 章【宇宙カレンダー】

 1 月 1 日　午前 0 時 0 分　宇宙が誕生
 1 月 1 日　午前 0 時 15 分　元素の生成の終了，宇宙の晴れ上がり
 1 月 5 日　最初の天体の形成
 1 月末から 3 月　クェーサーや銀河などの形成
 8 月末　太陽と太陽系の形成，地球の誕生
 9 月末　秋分の日のころ　地球生命の発生
 12 月半ば　古生代のはじまり
 12 月 25 日ころ　中生代のはじまり
 12 月 30 日 6 時半　恐竜の絶滅と新生代のはじまり
 12 月 31 日 23 時ころ　現世人類の出現
 12 月 31 日 23 時 59 分 55 秒　西暦の開始

8 章【太陽エネルギー】

① $^1H + {}^1H \rightarrow {}^2D + e^+ + \nu + 1.44$ MeV
② $^2D + {}^1H \rightarrow {}^3He + \gamma + 5.49$ MeV
③ $^3He + {}^3He \rightarrow {}^4He + 2\,{}^1H + 12.85$ MeV

①と②を 2 倍して③と加え合わせると，最終的に，

$$6\,{}^1H \rightarrow {}^4He + 2\,{}^1H + 2e^+ + 2\nu + 2\gamma + 26.71 \text{ MeV}$$

となる。

 注：$1 \text{ MeV} = 10^6 \text{ eV} = 10^6 \times 1.602 \times 10^{-19}$ J

9章【マイ惑星の設計】

2008年2月に行われた大阪教育大学の入試問題（理科地学）も参考にしてほしい。

10章【星の燃費】

人間：$100\,\mathrm{W}/50\,\mathrm{kg} \sim 2\,\mathrm{W/kg}$

太陽：$1\,L_\odot/1\,M_\odot \sim 0.0002\,\mathrm{W/kg}$

11章【ブラックホールの種類】

ブラックホール物理学などでは，物理的特性によってブラックホールを分類する。といっても，ブラックホールを区別できる物理量はきわめて限られていて，質量，角運動量（自転の度合）と，電荷の3つしかない。それらの組み合わせの結果，ブラックホールの種類としては4種類だけが可能である。

① 電荷も自転もないもっとも単純な「シュバルツシルト・ホール」。
② 電荷だけをもった「ライスナー‐ノルドシュトルム・ホール」。
③ 自転している「カー・ホール」。
④ 電荷をもちかつ自転している「カー‐ニューマン・ホール」。

実際の宇宙でもっとも普遍的なのは，シュバルツシルト・ホールではなく，おそらく属性として，質量以外に角運動量をもったカー・ホールだろう。

12章【いて座A*の質量】

S2星の公転周期と軌道長軸の長さがわかっているので，万有引力の法則を用いれば，重力と遠心力との釣り合いから質量が計算できる。あるいは，ケプラーの第3法則（調和の法則）を知っていれば，天文単位で表した軌道長半径の3乗を年単位で表した公転周期の2乗で割ったものが，太陽質量で表した中心の天体の質量になる。ただ，一応，計算してみたところ，本文に書いたデータからは370万太陽質量とならなかった(笑)。射影効果など，他の補正がされているのかもしれない。

13章【銀河の形態分類】

キーワードをgalaxyとしてグーグル画像検索をすると，いろいろな画像がヒットする。

16 章【ハビタブルゾーン】

光量は光源からの距離の 2 乗に反比例して減少するので，太陽の光度は一定だが，惑星が単位面積あたりに受ける太陽からの照射量は，だいたい軌道長半径の 2 乗に反比例して減少する。一方で，惑星表面から放射される熱量は表面温度の 4 乗に比例する（ステファン－ボルツマンの法則）。その結果，アルベドが 0 の場合，惑星の表面温度はおおざっぱには軌道長半径の 1/2 乗に反比例して減少することになる。

グリーゼ 581c とグリーゼ 581d は，2007 年 4 月に発見された系外惑星で，母星に近いものの母星自体も暗い赤色星で光度が小さいため，二つとも，おそらくハビタブルゾーンに入っていると推測されている。

17 章【ここはどこ，わたしはだれ】

いま教室にいる，福江純という名前だ，家から来た，買い物に行く，宇多田ヒカルのミュージック CD を買うため，というような答えを要求しているわけではない。念のため。

あとがき

　ずいぶん前に『SFアニメを天文する』という本を出させてもらい，最近では日本天文学会の教科書シリーズ（「シリーズ現代の天文学」）でお世話になっている，日本評論社の佐藤大器さんからメールをいただいたのは，2005年の師走だった．大人にとって最低限必要な科学リテラシー（読み書き能力）が身につくような，〈大人のための科学〉の教科書を企画しているという．いままでに何冊か一般書を書いたが，得意分野が中心になっているものが多く，天文学全体にわたって書いたものはほとんどない．高校生や大学生向けの教科書を執筆したこともあるけど，大人向けの教科書はない．いままで経験したことのない，なかなかチャレンジャブルな提案だった．幸いにも，学部向けの講義を何年もしていて，少しずつまとめた講義プリントが手元にあった．また講義も小学校中学校の教員免許を取る学生向けだから，リテラシーとしてもほどよいレベルだろう．講義プリントをベースにすればなんとかなるかなと思い，安請け合いをしたが…，いやいや呻吟しました．

　天文学の世界は日進月歩で，専門家でさえ，全分野に目配りすることは難しくなっている．ぼく自身，新聞記事で新しい発見を知ることも少なくない．本書をきっかけに，一歩でも二歩でも突っ込んだ話題に関心をもっていただければ，著者としても嬉しい限りである．

　最後に，ぼくのたいして上手でもない講義を聴かされている学生諸君に感謝したい．また出版にあたっては，日本評論社の佐藤さんにお世話になった．そして，本書を手に取っていただいた読者の方々には最大級の感謝をしたい．これからもワインと知を楽しんでいただければ幸いです．

梅の花咲く吉田山山麓にて

福江　純

索引

欧文

- CCD ……………………35
- cgs単位系 ……………15
- HR図 …………………115
- MACHO ………………178
- M理論 …………………184
- RNAワールド …………192
- SI単位系 ………………15
- WIMP …………………179
- X線星 …………………126
- X線連星 ………………127

◆あ行

- 明るい太陽のパラドックス 209
- 天の川銀河 …………135
- 暗黒星雲 ……………140
- 暗黒物質 ……137, 173, 176
- インフレーション宇宙 165
- インフレーション時代 165
- 宇宙 ……………………5
- 宇宙科学 ………………6
- 宇宙学 …………………6
- 宇宙ジェット …………130
- 宇宙進化論 ……………6
- 宇宙の加速膨張 ………184
- 宇宙の減速膨張 ………184
- 宇宙の再電離 …………161
- 宇宙の晴れ上がり ……160
- 宇宙物理学 ……………5
- 宇宙論 …………………6
- 閏年 ……………………20
- エキセントリック・プラネット …………201
- エネルギー収支 ………206
- オーダー ………………23

◆か行

- ガイア仮説 ……………213
- 科学 ……………………6
- 渦状銀河 ………………148
- 渦状構造 ………………149
- 渦状腕 ……………136, 149
- 架台 ……………………33
- 褐色矮星 ………………117
- 活動銀河 ………………147
- 活動銀河（中心）核 …151
- ガラクタワールド ……191
- 観察 ……………………10
- 観測 ……………………10
- 観測天文学 ……………9
- 気圏 ……………………204
- 輝線 ……………………139
- 輝線星雲 ………………140
- 球状星団 ………………138
- 共進化 …………………214
- 鏡筒 ……………………33
- 極超新星 ………………121
- 巨大衝突説 ……………112
- 距離指数 ………………46
- 銀河 ……………………135
- 銀河群 …………………176
- 銀河系 …………………135
- 銀河星団 ………………137
- 銀河団 …………………176
- クェーサー ……………154
- 屈折望遠鏡 ……………33
- 暗い太陽のパラドックス… 208
- グラム …………………18
- グランドデザイン ……149
- 系外惑星 ………………199
- 原子時 …………………20
- 原始星 …………………89
- 原始太陽系星雲 ………109
- 原始惑星 ………………110
- 紅炎 ……………………87
- 光学的質量 ……………177
- 光球 ……………………85
- 口径 ……………………34
- 恒星 ……………………113
- 恒星時 …………………42
- 降着円盤 ……………123, 125
- 黄道十二宮 ……………58
- 黄道十二星座 …………58
- 光年 ……………………17
- 国際単位系 ……………15
- 黒点 ……………………86
- コロナ …………………88

◆さ行

- 再結合 …………………160
- 撮像カメラ ……………32
- 散開星団 ………………137
- 視差 ……………………45
- 事象の地平面 …………124

灼熱木星 …………………200
周縁減光効果……………87
周転円……………………66
重力………………………29
主鏡………………………33
主系列 …………………116
主系列星 …………90, 116
受光器……………………32
シュバルツシルト・ブラックホール …………124
シュバルツシルト半径……125
春分点……………………58
準惑星……………………97
真空エネルギー ………166
振動数……………………27
水圏……………………204
スペクトル………………27
スペクトル型 …………114
スペクトル分類 ………114
星雲……………………139
星間雲…………………139
星座………………………58
星団……………………137
セイファート銀河 ……152
生命圏…………………204
生命の系統樹 …………188
世界………………………5
世界時……………………42
赤色巨星 …………91, 116
赤道座標…………………41
赤方偏移…………………29
摂氏温度…………………20
絶対温度…………………21
絶対等級…………………44
全天88星座………………60
相転移…………………165
測光器……………………32

◆た行
ダークエネルギー ……173
ダークマター 173, 176, 177
ダークレーン …………136
ダイナミックレンジ……37
太陽系……………………95
太陽系外縁天体 ………108
太陽コロナ………………88
太陽時……………………42
太陽質量…………………18
楕円銀河………………148
多重惑星系……………201
タンパク質ワールド …191
地圏……………………204
地動説……………………65
地平座標…………………41
中心核…………………148
中性子星………………121
長円惑星………………201
超新星…………………120
超新星残骸……………141
通常銀河………………147
デイジーワールド ……210
ディスク………………136
デオキシリボ核酸 ……192
天球…………………40, 74
天球座標…………………41
電磁波……………………26
天体………………………8
天体望遠鏡………………32
天動説……………………65
電波銀河………………153
天文………………………4
天文学……………………4
天文記号…………………50
天文単位…………………16
天文符号…………………50
電離状態………………139

等級………………………43
とかげ座BL型銀河 …155
特異銀河………………150
特異点…………………125
ドップラー効果…………28

◆な行
ヌクレオチド …………191
年…………………………20
年周視差 …………18, 46

◆は行
パーセク…………………18
白色矮星 …………116, 119
波長………………………27
波長感度特性……………36
ハッブル分類 …………148
ハビタブルゾーン ……196
バルジ…………………136
ハロー……………136, 148
反射星雲………………139
反射望遠鏡………………33
万有引力…………………30
ビッグバン ……………157
ビッグバン宇宙 …157, 159
非平衡開放系 …………206
秒…………………………19
標準時……………………42
微惑星…………………110
ファクター………………23
ブラックホール …121, 124
ブラックホール連星 …127
プランク時間 …………165
ブレーザー……………156
ブレーンワールド ……184
プロミネンス……………87
分…………………………19
分光器……………………32

ヘルツシュプルング-ラッセル図 …………115
棒状構造 ……………149
星 …………………113
星の進化 ……………117
ホットジュピター ……200

◆ま行

マイクロクェーサー………127,132
マルチプラネッツ ……201
見かけの等級…………43
密度パラメータ ………174
メートル………………16

◆ら行

ラジアン………………22
力学的質量 ……………177
リボ核酸 ………………191
量子効率………………36
理論天文学 ……………9

◆わ行

矮小銀河 ………………149
惑星……………………96
惑星状星雲 ………119,140

福江　純（ふくえ・じゅん）

1956年, 山口県生まれ。
大阪教育大学天文学研究室教授。

▶「天文学」についてひとこと——
センス・オブ・ワンダー(驚異の感覚)にあふれた未知なる世界です。
人類の半分およびSF&アニメと同様, 生きている限り知りたい世界です。

主な著書に
『ブラックホールの世界』(恒星社厚生閣)
『SFアニメを天文する』(日本評論社)
『ぼくだってアインシュタイン』(共著, 岩波書店)
『やさしいアンドロイドの作り方』(大和書房)
『SF天文学入門(上・下)』(裳華房)
『アインシュタインの宿題』(光文社)
『最新天文小辞典』(東京書籍)
『となりのアインシュタイン』(共著, PHP研究所)
『100歳になった相対性理論』(講談社)
『科学の国のアリス』(大和書房)
『ブラックホールを飼い慣らす!――ブラックホール天文学応用編』(恒星社厚生閣)
『輝くブラックホール降着円盤』(プレアデス出版)
『よくわかる物理』(日本実業出版社)
がある。

そこが知りたい 天文学［シリーズ 大人のための科学］

発行日	2008年5月20日　第1版第1刷発行
	2016年1月20日　第1版第3刷発行
著者	福江　純
発行者	串崎　浩
発行所	株式会社 日本評論社
	170-8474　東京都豊島区南大塚3-12-4
電話	03-3987-8621（販売）　03-3987-8599（編集）
印刷	三美印刷
製本	難波製本
イラスト	今村麻果
装幀	桂川　潤

© Jun Fukue 2008 Printed in Japan
ISBN978-4-535-60034-8

JCOPY 〈(社) 出版者著作権管理機構 委託出版物〉

本書の無断複写は著作権法上での例外を除き禁じられています. 複写される場合は, そのつど事前に, (社) 出版者著作権管理機構（電話 03-3513-6969, FAX 03-3513-6979, e-mail: info@jcopy.or.jp) の許諾を得てください. また, 本書を代行業者等の第三者に依頼してスキャニング等の行為によりデジタル化することは, 個人の家庭内の利用であっても, 一切認められておりません.

シリーズ 大人のための科学（全6冊）

高校で学びたい内容を独自の視点でえらび、その分野が日常生活に
どう役立っているか、身近なものとどうかかわりがあるか、という点にふれつつ、
科学の興味を育みます。科学の素養を身につけたいすべての人のための本。

高校で教わりたかった 化学
渡辺 正・北條博彦／著　　◇1,900円＋税／A5判　ISBN978-4-535-60030-0

化学は暗記科目と誤解されているが、物質の性質や変化の「なぜ？」を
つかむだけで十分。「なるほど！」と思えるように、化学のしくみがわかる。

つきあってみると，数学！
瀬山士郎／著　　◇1,600円＋税／A5判　ISBN978-4-535-60031-7

数学は考える楽しさに溢れた、知的で不思議な世界。好きでなくても、
どこか気になるだけで大丈夫。面白く、役に立つ数学の世界にようこそ。

そこが知りたい☆天文学
福江 純／著　　◇1,900円＋税／A5判　ISBN978-4-535-60034-8

星や天体に関心があって、もう少しきちんと勉強したい人に向けた本。
宇宙を読み解くための基礎からさまざまな天体現象までをやさしく紹介。

高校で教わりたかった 物理
田口善弘／著　　◇1,600円＋税／A5判　ISBN978-4-535-60032-4

科学者は、どうして幽霊の存在を否定できるのだろう。その疑問を出発点に、
身の回りを「物理っぽく」とらえる。物理嫌いの人にお勧め！

以下続刊，書名は仮です。　**生物学** 松田良一／監訳
　　　　　　　　　　　　　地球科学 丸山茂徳・椚座圭太郎／著

日本評論社
http://www.nippyo.co.jp/